去自然，

去领略生命之力

THE WAYS 小途·探秘·系列丛书

一花一叶

——翠湖国家城市湿地公园
● 植物图谱

夏　舫 ○ 编著

中国林业出版社
China Forestry Publishing House

植物

89 科

247 属

338 种

燕山山脉

密云水库

官厅水库

怀柔水库

十三陵水库

● 翠湖国家城市湿地公园

翠湖北路

西北门

西门 稻香湖路

北门

东北门

渌水亭北路

南门

西门

上庄水库

N

前　言

　　翠湖国家城市湿地公园位于北京市海淀区西北部，总面积157.16公顷，建设于2003年，为典型的人工修复湿地。2005年5月，被建设部批准为国家城市湿地公园，2016年7月，被北京市批准列入第一批市级湿地名录。公园以人工修复湿地为特点，始终坚持"生态优先、公益为主，重在保护、最小干预"的管理原则，多年来一直致力于湿地生态环境的保护与修复，努力再现北京湿地原生态。

　　本书收录植物共89科247属338种，以乔木、灌木、草本、藤本、水生植物等五大生活型进行分类，并详细展示了每种植物的全株、叶、花、果等识别特征。植物照片全部来自翠湖国家城市湿地公园真实记录，本书的编写也是对翠湖国家城市湿地公园20年来湿地修复、生物多样性保护成果的阶段性总结，对推动翠湖国家城市湿地公园的建设有着重要的意义，也为前来参观游览的游客和开展教学、科研、科普活动的科研团队提供了宝贵的资料。

　　本书的编写出版得到中国科学院植物研究所刘冰老师的大力支持，在此深表感谢！限于编者水平，本书的错误与疏漏在所难免，欢迎各位专家、同行不吝指正。

编者

2024年8月

术语图解

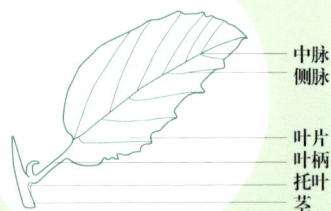

叶

中脉
侧脉

叶片
叶柄
托叶
茎

禾草状植物的叶

秆
叶片
叶舌
叶鞘

叶 形

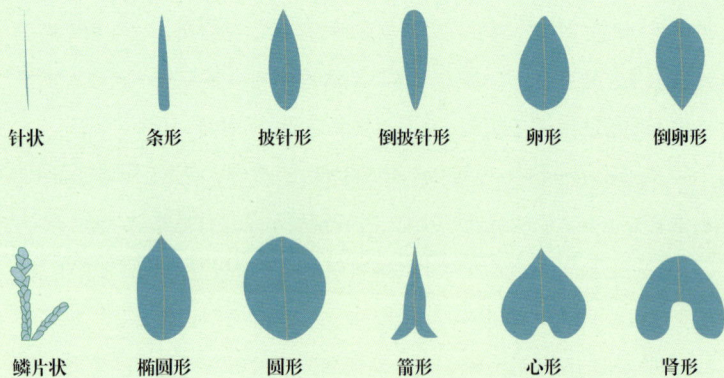

针状	条形	披针形	倒披针形	卵形	倒卵形

鳞片状	椭圆形	圆形	箭形	心形	肾形

叶 缘

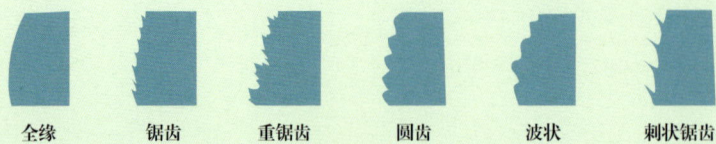

全缘	锯齿	重锯齿	圆齿	波状	刺状锯齿

花

花瓣
花药
花丝
柱头
萼片
花柱
子房
花托
花梗 / 花柄

叶的分裂方式

不裂　　羽状分裂　　大头羽状分裂　　二回羽状分裂　　掌状分裂　　鸟足状分裂

单叶和复叶

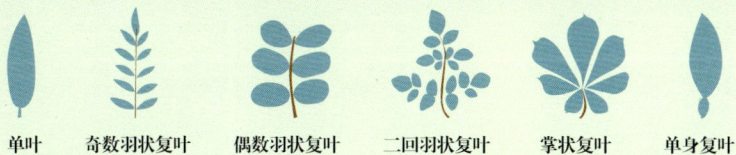

单叶　　奇数羽状复叶　　偶数羽状复叶　　二回羽状复叶　　掌状复叶　　单身复叶

叶 序

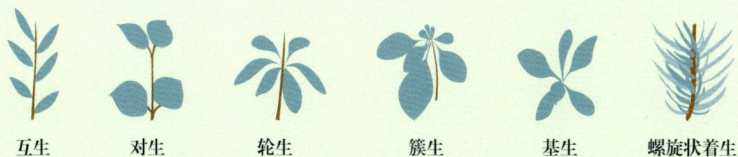

互生　　对生　　轮生　　簇生　　基生　　螺旋状着生

阅读说明

本书物种排列顺序，先分为乔木、灌木、草本、藤本、水生植物五大类，其下再按照分类系统顺序排列。部分木本植物的生活型存在过渡，为小乔木或大灌木，这种情况将其归类为灌木。

本书所采用的分类系统均为学界最新的分类系统，石松和蕨类植物按照 PPG Ⅰ系统（2016），裸子植物依据杨永系统（2022），被子植物依据 APG Ⅳ系统（2016）。

类别

物种照片

页边检索

所属科

中文名

学名

翠湖湿地
植物信息

页码

85	半夏 | 三叶半夏	天南星科 | 半夏属
	Pinellia ternata	Araceae | *Pinellia*

天南星科 Araceae

半夏 *Pinellia ternata*

形态特征：多年生草本。块茎圆球形。叶基生，一年生者为单叶，心状箭形至椭圆状箭形；二至三年生者为 3 小叶复叶；小叶卵状椭圆形或披针形；叶柄长 15~20cm，基部具鞘，有 1 珠芽。肉穗花序，花序梗长 25~35cm，下部为雌花，上部为雄花；佛焰苞淡绿或绿白色，管部窄圆柱形，长 1.5~2cm，檐部长圆形，绿色，有时边缘青紫色，长 4~5cm；顶端附属器细长，绿至青紫色，长 6~10cm，直立，有时弯曲。花期 6~8 月，果期 8~9 月。

生　境：村旁、水边、草丛中、山坡林下。

用　途：块茎有毒，经炮制后可入药。

翠湖湿地：不常见，见于林下、草丛。

85	**半夏** ∣ 三叶半夏	天南星科 ∣ 半夏属
	Pinellia ternata	Araceae ∣ *Pinellia*

学名

86	**射干** ∣ 野萱花	鸢尾科 ∣ 鸢尾属
	Iris domestica	Iridaceae ∣ *Iris*

一花一叶——翠湖国家城市湿地公园·植物图谱

鸢尾科 Iridaceae

射干 *Iris domestica*

形态特征：多年生草本。根状茎斜伸，黄褐色。叶互生，剑形，无中脉，嵌叠状 2 列，长 20~40cm，宽 2~4cm。花序叉状分枝；花梗及花序的分枝处有膜质苞片；花橙红色，有紫褐色斑点，径 4~5cm；花被裂片倒卵形或长椭圆形，长约 2.5cm，宽约 1cm，内轮较外轮裂片稍短窄；雄蕊花药线形外向开裂，长 1.8~2cm；柱头有细短毛，子房倒卵形。蒴果倒卵圆形，长 2.5~3cm，室背开裂果瓣稍外翻，中央有直立果轴。花期 6~8 月，果期 8~9 月。

生　境：林缘、山坡草地。

用　途：根状茎可入药。

翠湖湿地：不常见，见于林缘。

目　录

乔木
Arbor

1	银杏 ┃ 公孙树	银杏科 ┃ 银杏属
	Ginkgo biloba	Ginkgoaceae ┃ *Ginkgo*

形态特征: 落叶乔木。树皮灰褐色。大枝斜展,一年生长枝淡褐黄色,二年生枝变为灰色;短枝黑灰色。叶扇形,有长柄,淡绿色,有叉状并列细脉,上部宽5~8cm,上缘有波状缺刻;在短枝上3~8叶簇生,落叶前变为黄色。球花雌雄异株,单性,雄球花4~6生于短枝顶端叶腋或苞腋,长圆形,下垂,淡黄色;雌球花数个生于短枝叶丛中,淡绿色。种子椭圆形,长2~3.5cm,成熟时黄或橙黄色,被白粉,外种皮肉质有臭味。花期4月,种子9~10月成熟。

生　　境: 栽植于公园、庭院。

用　　途: 木材可供建筑、家具、雕刻等用,种子可供食用、药用,叶可供药用、杀虫剂、肥料,观赏。

翠湖湿地: 常见,成片栽植。

2	**圆柏** ┃ 刺柏、桧柏	柏科 ┃ 刺柏属
	Juniperus chinensis	Cupressaceae ┃ *Juniperus*

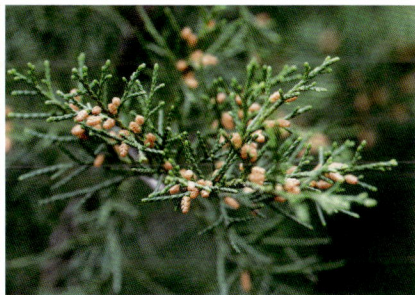

柏科 Cupressaceae

圆柏 *Juniperus chinensis*

形态特征： 常绿乔木。树皮深灰色，纵裂，呈条片开裂。幼树树冠尖塔形，老树大枝平展，形成广圆形树冠。叶二型，刺叶生于幼树上，老龄树全为鳞叶，壮龄树兼有刺叶与鳞叶；刺叶常为三叶轮生或交互对生，窄披针形，先端锐尖成刺；鳞叶菱卵形，交互对生或三叶轮生，排列紧密。雌雄异株，稀同株，雄球花黄色，椭圆形，长2.5~3.5mm。球果近圆球形，径6~8mm，两年成熟，熟时暗褐色，被白粉。花期4月，球果翌年11月成熟。

生　　境： 栽植于公园、庭院。

用　　途： 可作木材，枝叶入药，种子可制润滑油。

翠湖湿地： 常见，成片栽植。

3	水杉	柏科 | 水杉属
	Metasequoia glyptostroboides	Cupressaceae | *Metasequoia*

形态特征： 落叶乔木。树皮灰色、灰褐色或深灰色，幼树裂成薄片脱落，大树裂成长条状脱落。大枝不规则轮生，小枝对生或近对生，侧生小枝排成羽状，长 4~15cm，冬季凋落。叶线形，质软，在侧枝上排成羽状，上面中脉凹下。雌雄同株，雄球花在枝条顶部交互对生或顶生，排成总状或圆锥状花序；雌球花单生于侧生小枝顶端。球果下垂近球形，张开后微具四棱；种鳞木质，盾形，中央有凹槽。花期 4~5 月，球果当年 10~11 月成熟。

生　　境： 多栽植于水边、湿润山坡及沟谷。

用　　途： 可供观赏。

翠湖湿地： 常见，栽植于水边、湿地。

4	**侧柏** ∣ 黄柏、扁柏	柏科 ∣ 侧柏属
	Platycladus orientalis	Cupressaceae ∣ *Platycladus*

形态特征： 常绿乔木。树皮浅灰褐色，纵裂成条片。生鳞叶的小枝细，向上直展或斜展，扁平，排成一平面。鳞叶二型，交互对生，背面有腺点。雌雄同株，球花单生于枝顶；雄球花黄色，卵圆形，长约 2mm；雌球花近球形，径约 2mm，蓝绿色，被白粉。球果卵状椭圆形，长 1.5~2cm，成熟前近肉质，蓝绿色，被白粉，成熟后木质，开裂，褐色；种鳞木质，扁平，厚，背部顶端下方有一弯曲的钩状尖头。花期 3~4 月，球果当年 10 月成熟。

生　境： 栽植于公园、庭院。

用　途： 可作木材，种子与生鳞叶的小枝可入药。

翠湖湿地： 常见，成片栽植。

5	白皮松 | 虎皮松、白果松	松科 | 松属
	Pinus bungeana	Pinaceae | *Pinus*

形态特征： 常绿乔木。幼树树皮灰绿色，平滑，内皮淡黄绿色；老树树皮淡褐灰色或灰白色，内皮粉白色，裂成不规则薄片脱落。树冠为宽塔形至伞形；一年生枝灰绿色，无毛；冬芽红褐色，卵圆形，无树脂。针叶3针一束，粗硬，长5~10cm，边生或与中生并存，叶鞘早落。球果卵圆形，熟时淡黄褐色；种鳞先端厚，鳞盾扁菱形，顶端有刺尖。种子倒卵形，灰褐色，种翅短，有关节，易脱落。花期4~5月，球

果翌年10~11月成熟。

生　境： 山坡林中，或栽植于公园。

用　途： 球果可入药，可作家具建材，可供庭院观赏。

翠湖湿地： 常见，成片栽植。

6	油松 丨 红皮松	松科 丨 松属
	Pinus tabuliformis	Pinaceae | *Pinus*

形态特征：常绿乔木。树皮常为灰褐色，裂成鳞状块片，裂缝及上部树皮红褐色。一年生枝淡红褐色，无毛，幼时微被白粉；冬芽圆柱形，红褐色。叶2针一束，粗硬，长10~15cm，部分针叶扭曲，叶鞘宿存。雄球花圆柱形，在新枝下部聚生呈穗状。球果卵球形，长4~10cm，成熟前绿色，成熟后暗褐色，宿存树上数年不落；种鳞鳞盾肥厚，横脊明显，有短尖。种子卵圆形或长卵圆形，淡褐色有斑纹。花期4~5月，球果翌年9~10月成熟。

生　　境：中低海拔林中，或栽植于公园。

用　　途：松针、松油等可入药，可供建筑家具用材，山区造林及庭院观赏。

翠湖湿地：常见，成片栽植。

007

7 玉兰 | 白玉兰
Yulania denudata

木兰科 | 玉兰属

Magnoliaceae | *Yulania*

形态特征： 落叶乔木。树皮深灰色，粗糙开裂。冬芽及花梗密被淡灰黄色长绢毛。叶纸质，倒卵形、宽倒卵形或倒卵状椭圆形，长 10~15cm，宽 6~12cm，先端宽圆、平截或稍凹，具短突尖，中部以下渐狭呈楔形；叶面深绿色，叶背淡绿色。花先于叶开放，直立，芳香，径 10~16cm；花梗显著膨大；花被片 9，白色，基部常带粉红色，长圆状倒卵形；雌蕊群圆柱形，淡绿色。聚合果圆柱形；蓇葖厚木质，褐色。花期 3~4 月及 7~9 月，果期 8~9 月。

生　境： 栽植于公园、庭院。

用　途： 花蕾可入药，花可供观赏、材质优良可供家具等，可提制浸膏，种子可榨油。

翠湖湿地： 不常见，少量栽植。

8	**二球悬铃木** ∣ 英国梧桐	悬铃木科 ∣ 悬铃木属
	Platanus × acerifolia	Platanaceae ∣ *Platanus*

悬铃木科 Platanaceae

形态特征： 落叶乔木。树皮光滑，片状脱落。幼枝密被灰黄色星状茸毛，老枝无毛，红褐色。叶阔卵形，长 10~24cm，宽 12~25cm，基部平截或微心形；幼叶两面被灰黄色星状茸毛；上部掌状 3~5 裂，有时 7 裂；中裂片宽三角形，长宽约相等，裂片全缘或具 1~2 粗齿，掌状脉；叶柄长 3~10cm，密被黄褐色星状毛。花单性，雌雄同株；雄花萼片卵形，被毛；雄蕊长于花瓣。球形果序常 2 个串生，下垂，茸毛不突出。花期4~5 月，果期 9~10 月。

生　　境： 栽植于路旁、庭院、公园。

用　　途： 可作行道树。

翠湖湿地： 常见，见于停车场。

9 **刺槐** | 洋槐

豆科 | 刺槐属

Robinia pseudoacacia

Fabaceae | *Robinia*

形态特征： 落叶乔木。树皮黑褐色，树皮浅裂至深纵裂。奇数羽状复叶长 10~25cm；小叶 7~25，常对生，椭圆形，长 2~5.5cm，先端圆或微凹，有小尖，全缘，幼时被短柔毛，后无毛；叶柄基部常有 2 托叶刺。雌雄同株；总状花序腋生，长 10~20cm，下垂，花序轴与花梗被柔毛；花芳香；花萼斜钟形，萼齿短，密被柔毛；花冠白色，旗瓣有爪，基部有黄色斑点。荚果线状长圆形，褐色或具红褐色斑纹，扁平。花期 4~5 月，果期 8~9 月。

生　境： 栽植于山坡林中、庭院。

用　途： 叶可作家畜饲料，花可食。

翠湖湿地：常见，见于绿地内。

10	山里红 | 红果	蔷薇科 | 山楂属
	Crataegus pinnatifida var. *major*	Rosaceae | *Crataegus*

蔷薇科 Rosaceae

山里红 *Crataegus pinnatifida* var. *major*

形态特征： 落叶乔木。树皮粗糙，暗灰色或灰褐色，具枝刺；植株生长茂盛。叶片宽卵形或三角状卵形，叶片较大，两侧各有 3~5 羽状浅裂，边缘有尖锐稀疏不规则重锯齿；裂片卵状披针形或带形，先端短渐尖，疏生不规则重锯齿，下面沿叶脉疏生短柔毛或在脉腋有髯毛。伞房花序具多花，花白色，花直径约 1.5cm；萼筒钟状，外面密被灰白色柔毛；花瓣倒卵形或近圆形。果实大，深亮红色，果实径达 2.5cm，有浅色斑点。花期 5~6 月，果期 8~10 月。

生　　境： 栽植于公园、庭院。

用　　途： 果可食用，干制后可入药。

翠湖湿地： 较常见，见于绿地内。

11 西府海棠 ┃ 小果海棠

Malus × micromalus

蔷薇科 ┃ 苹果属

Rosaceae ┃ *Malus*

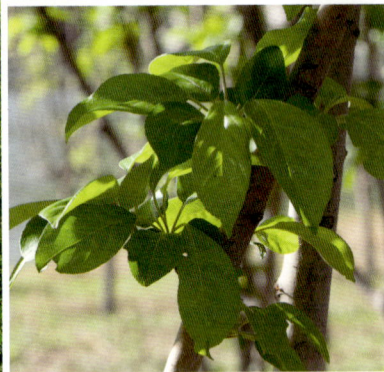

形态特征： 落叶小乔木。小枝紫红色或暗紫色。叶长椭圆形或椭圆形，基部楔形，叶边锯齿尖锐，叶柄细长，果实基部下陷。伞形总状花序集生于小枝顶端，有花 4~7 朵，花梗长 2~3cm；花直径约 4cm；萼筒外面密被白色长茸毛；萼片三角卵形至长卵形，先端急尖或渐尖，全缘，萼片与萼筒等长或稍长；花瓣近圆形或长椭圆形，基部有短爪，粉红色；花柱 5，约与雄蕊等长。果实近球形，红色，萼片多数脱落。花期 4~5 月，果期 8~9 月。

生　境： 栽植于公园、庭院。

用　途： 果可食用。

翠湖湿地： 常见，见于绿地内。

12	山荆子 ┃ 山定子	蔷薇科 ┃ 苹果属
	Malus baccata	Rosaceae ┃ *Malus*

蔷薇科 Rosaceae

山荆子 *Malus baccata*

形态特征: 落叶乔木。幼枝细弱,无毛,红褐色。叶互生,叶片椭圆形或卵形,长3~8cm,宽2~3.5cm,边缘有细锐锯齿;叶柄长2~5cm,无毛。伞形花序,具花4~6朵,集生在小枝顶端,花梗细,长1.5~4cm,无毛;苞片膜质,线状披针形,边缘具腺齿,无毛,早落;花瓣倒卵形,基部有短爪,白色;雄蕊15~20,花药黄色。果实近球形,直径8~10mm,熟时红色,柄洼及萼洼稍微陷入;萼片脱落;果梗长3~4cm。花期5~6月,果期9~10月。

生　境: 山坡杂木林中及山谷灌丛。

用　途: 苗圃种植中作苹果和花红的砧木。

翠湖湿地: 常见,见于绿地内。

13 八棱海棠 | 扁棱海棠

Malus × robusta

蔷薇科 | 苹果属

Rosaceae | *Malus*

形态特征: 落叶乔木。树皮灰褐色或暗褐色,有纵裂缝;幼枝具纵条纹。叶片厚革质,宽椭圆形或倒卵状长圆形,两面具光泽。总状花序或圆锥花序近顶生,花开展后由红色变粉红色,再由粉红色变为粉白色。果实圆球形,成熟时红色,四周有明显的八个棱突起。花期4月,果期9月。

生　境: 平地、山坡、丘陵、沙荒地。

用　途: 果可食用。

翠湖湿地: 不常见,见于绿地内。

14	杏 ǀ 杏树	蔷薇科 ǀ 李属
	Prunus armeniaca	Rosaceae ǀ *Prunus*

蔷薇科 Rosaceae

杏 *Prunus armeniaca*

形态特征： 落叶乔木。小枝无毛。叶宽卵形或圆卵形，先端尖或短渐尖，基部圆或近心形，有钝圆锯齿；叶柄基部常具1~6腺体。花单生，先叶开放；花梗长1~3mm，被柔毛；花萼紫绿色，萼筒圆筒形，基部被柔毛，萼片卵状长圆形，花后反折；花瓣圆形或倒卵形，白色带红晕。核果球形，熟时白或黄红色，常具红晕；果肉多汁，熟时不裂；核卵圆形或椭圆形，两侧扁平，顶端钝圆，腹面具龙骨状棱。种仁味苦或甜。花期3~4月，果期6~7月。

生　境： 平地、山坡。

用　途： 果可食用，种仁可入药。

翠湖湿地： 较常见，见于绿地内。

15 紫叶李 | 红叶李

Prunus cerasifera 'Atropurpurea'

蔷薇科 | 李属

Rosaceae | *Prunus*

形态特征： 落叶乔木。多分枝，枝条细长，暗灰色，有时有棘刺；小枝暗红色，无毛。叶互生，有显明托叶；叶片椭圆形、卵形或倒卵形，先端急尖，边缘有圆钝锯齿，叶紫红色。花1朵，稀2朵，直径2~2.5cm；萼筒钟状，萼片和花瓣同数，通常4~5，覆瓦状排列；花瓣白色，长圆形或匙形，边缘波状，基部楔形，着生在萼筒边缘。核果近球形或椭圆形，直径1~3cm，红色，微被蜡粉。花期4月，果期8月。

生　境： 栽植于公园、庭院、山坡、林中。

用　途： 可供观赏。

翠湖湿地： 常见，见于绿地内。

16	山桃 ∣ 山毛桃	蔷薇科 ∣ 李属
	Prunus davidiana	Rosaceae ∣ *Prunus*

蔷薇科 Rosaceae

山桃 *Prunus davidiana*

形态特征: 落叶乔木。树皮暗紫色,光滑。小枝细长,幼时无毛,老时褐色。叶互生,叶片卵状披针形,长 5~13cm,先端渐尖,两面无毛,边缘具细锐锯齿;叶柄长 1~2cm,无毛,常具腺体。花单生,成对生于叶芽两侧,先于叶开放,直径 2~3cm;萼片直伸,花瓣倒卵形,花瓣 5,淡粉色。核果球形,淡黄色,果梗短而深入果洼;果肉薄而干,不可食,成熟时不开裂;核球形或近球形,被短毛,果核具沟纹,与果肉分离。花期 3 月,果期 8~9 月。

生 境: 向阳山坡或山脊林中。

用 途: 木材可作细工及手杖,果核可作玩具或念珠,种仁可榨油。

翠湖湿地: 常见,见于山坡。

17	桃	蔷薇科 | 李属
	Prunus persica	Rosaceae | *Prunus*

形态特征：落叶乔木。树皮暗红褐色，老时粗糙呈鳞片状。小枝细长，无毛，有光泽，具大量小皮孔。叶长圆披针形，上面无毛，缘边具细锯齿或粗锯齿；叶柄粗壮。花单生，先于叶开放，直径 2.5~3.5cm；萼筒钟形，绿色而具红色斑点；花瓣长圆状至宽倒卵形，粉红色，罕为白色。果实形状和大小均有变异，卵形至扁圆形，成熟时向阳面具红晕；果肉多色，甜或酸甜；核大，离核或黏核，椭圆形或近圆形。花期 3~4 月，果期 8~9 月。

生　境：栽植于果园、公园、庭院。

用　途：种子和枝条可入药，果可食用。

翠湖湿地：不常见，见于绿地内。

18	碧桃	蔷薇科 | 李属
	Prunus persica 'Duplex'	Rosaceae | *Prunus*

形态特征: 落叶灌木。树皮暗红褐色,老时粗糙呈鳞片状;芽 2~3 个簇生,叶芽居中,两侧花芽。叶披针形,长 7~15cm,宽 2~3.5cm,先端渐尖,基部宽楔形,具锯齿。花单生,先叶开放;萼筒钟形,被短柔毛,稀几无毛,绿色而具红色斑点;萼片卵形至长圆形,顶端圆钝,外被短柔毛;花瓣长圆状或宽倒卵形,重瓣,粉红色,稀白色;花药绯红色。核果卵圆形,成熟时向阳面具红晕。花期 3~4 月,果期 7~9 月。

生　　境: 栽植于公园、庭院。

用　　途: 可供观赏。

翠湖湿地: 不常见,见于绿地内。

19 榆 | 榆树、家榆

Ulmus pumila

榆科 | 榆属

Ulmaceae | *Ulmus*

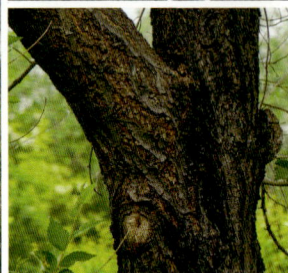

形态特征: 落叶乔木。小枝无木栓翅。叶互生，椭圆状卵形或卵状披针形，长 2~8cm，先端渐尖，基部一侧楔形或圆形，一侧圆形或半心形，上面无毛，下面幼时被短柔毛，后无毛或部分脉腋具簇生毛，具重锯齿或单锯齿；侧脉 9~16 对；叶柄长 0.4~1cm。花于早春先叶开放，簇生，雄蕊紫红色。翅果近圆形或宽倒卵形，长 1.2~1.5cm，仅顶端缺口柱头面被毛，余无毛；果核位于翅果中部，其色与果翅相同；果柄长 1~2mm。花期 3 月，果期 4 月。

生　境: 房前屋后、路旁、水边、山坡。

用　途: 木材可用于建筑、家具制作，枝皮可制绳索、人造棉、造纸原料，叶可作饲料，树皮、叶及翅果可入药。

翠湖湿地: 不常见，见于绿地内。

20	**构** ｜ 构树	桑科 ｜ 构属
	Broussonetia papyrifera	Moraceae ｜ *Broussonetia*

形态特征： 落叶乔木。具乳汁。树皮暗灰色，小枝密生柔毛。叶互生，广卵形至长圆状卵形，长 7~20cm，宽 6~15cm，不分裂或 2~3 裂，小树之叶常有明显分裂，边缘具粗锯齿，上面粗糙，背面密被茸毛，用手摸有明显粗糙感。花单性，雌雄异株；雄花序穗状，下垂，长 6~8cm，雄蕊 4，花药近球形；雌花序头状球形，苞片棒状，花被管状，花柱侧生，丝状。聚花果球形，成熟时橙红色，肉质，直径约 3cm。花期 4~5 月，果期 6~9 月。

生　境： 路旁、山坡林。

用　途： 树皮、叶、种子可入药，韧皮纤维可造纸，果可生食，也可酿酒。

翠湖湿地： 常见，见于林中、绿地内。

21　桑 ｜ 桑树

Morus alba

桑科 ｜ 桑属

Moraceae ｜ *Morus*

形态特征： 落叶乔木。具乳汁。树皮厚，灰色，具不规则浅纵裂；小枝有细毛。叶互生，卵形或广卵形，长 5~20cm，宽 4~8cm，先端急尖或圆钝，基部圆形至浅心形，边缘有粗锯齿，不裂或不规则 2~5 裂。花单性异株，排成穗状花序，腋生或生于芽鳞腋内，与叶同时生出；雄花花被片 4，雄蕊 4；雌花花被片 4，柱头 2 裂；总花梗长 5~10mm 被柔毛。聚花果椭圆形，长 1~2.5cm，成熟时红色或暗紫色，偶有白色。花期 4 月，果期 6~7 月。

生　境： 村边、路旁、山坡、沟谷。

用　途： 可作造纸原料，可入药，果可食。

翠湖湿地：不常见，见于岸边绿地内。

22	蒙古栎 ┃ 小叶槲树	壳斗科 ┃ 栎属
	Quercus mongolica	Fagaceae ┃ *Quercus*

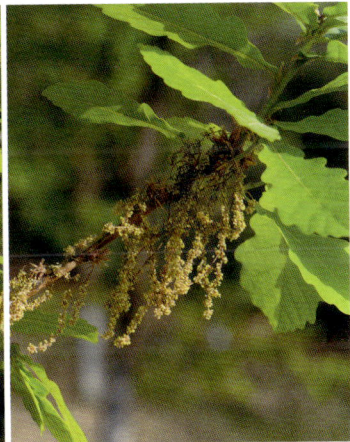

形态特征： 落叶乔木。树皮灰褐色，纵裂。幼枝紫褐色，有棱。叶倒卵形，长 7~17cm，先端钝或急尖，基部耳形，粗钝齿 8~10 对；幼叶沿脉疏被毛，老叶近无毛，侧脉每边 7~11 条。花单性，雌雄同株；雄花呈下垂的柔荑花序生于新枝下部，长 5~7cm；雌花序生于新枝上端叶腋，长约 1cm，4~5 朵，通常只1~2 朵发育。壳斗杯状，包围坚果，壁厚；苞片小，三角形，背面有瘤状突起；坚果卵形或长卵形，无毛。花期 4~5 月，果期 9~10 月。

生　境： 山坡、沟谷。

用　途： 可作木材，叶可饲柞蚕，种仁可酿酒，树皮可入药。

翠湖湿地： 不常见，见于绿地内，成片栽植。

23	**胡桃** ┃ 核桃	胡桃科 ┃ 胡桃属
	Juglans regia	Juglandaceae ┃ *Juglans*

形态特征： 落叶乔木。树皮幼时灰绿色，老时则灰白色而纵向浅裂；小枝无毛。奇数羽状复叶，椭圆状卵形至长椭圆形，长约6~15cm，宽约3~6cm，全缘，先端钝，绿色无毛。雌雄同株异花。雄性柔荑花序下垂，长5~15cm，雄花苞片、小苞片及花被片均被腺毛，雄蕊花药无毛；雌穗状花序具1~4花。果序短，具1~3个果实，果实近于球状，无毛，果核具2条纵棱和有不规则浅刻纹。花期5月，果期8月。

生　境： 山地路旁。

用　途： 种仁可食用，亦可榨油食用，木材是很好的硬木材料。

翠湖湿地： 不常见，见于绿地内。

| 24 | **白杜** ∣ 明开夜合、丝绵木
Euonymus maackii | 卫矛科 ∣ 卫矛属
Celastraceae ∣ *Euonymus* |

形态特征：落叶小乔木。枝无翅；小枝圆柱形，灰绿色。叶对生，菱状卵形，长 4~8cm，先端长渐尖，基部宽楔形或近圆形，边缘具细锯齿，有时深而锐利；侧脉 6~7 对；叶柄通常细长，有时较短。聚伞花序 3 至多花；花 4 数，淡白绿或黄绿色；花萼裂片半圆形，花瓣长圆状倒卵形；雄蕊生于 4 圆裂花盘上；子房四角形。蒴果倒圆心形，上部 4 裂，熟时粉红色。种子长椭圆形，棕黄色，假种皮橙红色，全包种子。花期 5~6 月，果期 8~9 月。

生　境：山坡林缘，庭院也有栽培。

用　途：根可入药，木材可供器具、雕刻用，供观赏。

翠湖湿地：极少见，见于山坡。

25	加杨 ┃ 加拿大杨	杨柳科 ┃ 杨属
	Populus × canadensis	Salicaceae ┃ *Populus*

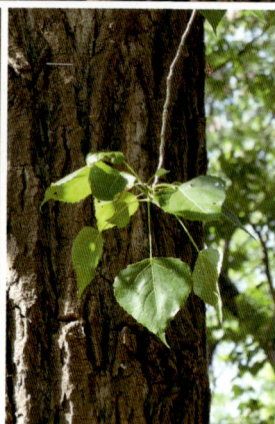

形态特征： 落叶乔木。树皮纵裂。萌枝及苗茎有棱角，小枝稍有棱角，无毛，稀微被柔毛；芽先端反曲，富黏质。叶片三角状卵形，长宽约6~20cm，先端渐尖，基部平截或宽楔形，边缘半透明，有圆锯齿，近基部较疏，具短缘毛，下面淡绿色；叶柄侧扁而长。雄花序长约7cm，花序轴光滑，花药紫红色；苞片淡绿褐色，丝状深裂，无毛，花盘淡黄绿色，全缘；雌花序绿色。蒴果卵形，长约8mm，先端锐尖，2~3瓣裂。花果期4月。

生　境： 林地、公园、路旁。
用　途： 常作行道树。
翠湖湿地： 常见，见于道路两侧。

26	小叶杨	杨柳科｜杨属
	Populus simonii	Salicaceae｜*Populus*

形态特征： 落叶乔木。幼树小枝及萌枝有棱脊，常红褐色，老树小枝圆，无毛；芽细长，有黏质。叶菱状卵形，中部以上较宽，先端骤尖或渐尖，基部楔形、宽楔形或窄圆形，边缘具细锯齿，无毛，下面灰绿或微白；叶柄圆筒形，长 0.5~4cm，无毛。花先叶开放，雄花序长 2~7cm，花序轴无毛，苞片细条裂；雌花序长 2.5~6cm；苞片淡绿色，裂片褐色，无毛。蒴果小无毛，果序长达 15cm。种子具绵毛。花期 4 月，果期 5 月。

生　境： 中低海拔沟谷。

用　途： 木材供民用建筑、家具、造纸等用，可防风固沙、护堤固土。

翠湖湿地： 极少见，见于岸边。

27 毛白杨
Populus tomentosa

杨柳科 | 杨属

Salicaceae | *Populus*

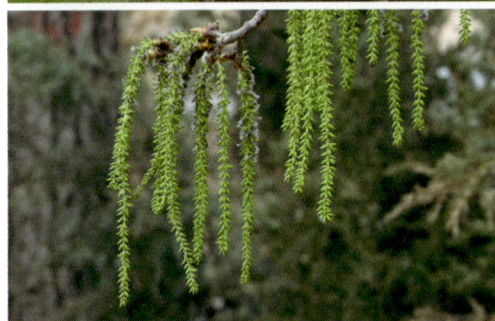

形态特征: 落叶乔木。树皮灰白色,老时深灰色,纵裂。冬芽卵形。长枝的叶质硬,三角状卵形,长 10~15cm,宽 8~12cm,先端渐尖,基部心形或截形,有深波状牙齿,幼叶密生灰色黏毛,后逐渐脱落;短枝的叶较小,卵形或三角状卵形,长 7~18cm,先端渐尖,下面光滑,具深波状牙齿;叶柄稍短于叶片,侧扁。雄花序长约 10cm,苞片密生长毛;雌花序长 4~7cm。蒴果长卵形,熟时开裂,种子小,具白色绵毛。花期 3 月,果期 4 月。

生　境: 林地、公园、路旁。

用　途: 可作行道树。

翠湖湿地: 常见,见于绿地内。

28	旱柳 ǀ 柳树	杨柳科 ǀ 柳属
	Salix matsudana	Salicaceae ǀ *Salix*

杨柳科 Salicaceae

旱柳 *Salix matsudana*

形态特征： 落叶乔木。树皮暗灰黑色，有裂沟。枝细长，直立或斜展，无毛，幼枝有毛；芽微有柔毛。叶互生，叶片披针形，长 5~10cm，宽 1~1.5cm，边缘有细锯齿，上面有光泽，下面苍白色；叶柄短，长 5~8mm，上面有柔毛，托叶披针形或缺，有细腺齿。花叶同放，花序直立，苞片卵形，具腺体 2；雄花序长 1~1.5cm，黄色；雄蕊 2，花丝基部有长毛；雌花序长 1~2cm，绿色。蒴果 2 瓣裂。种子具白色绵毛。花果期 4~5 月。

生　　境： 路旁、河边或植于庭院、公园。

用　　途： 木材可供建筑器具、造纸、人造棉、火药等用，细枝可编筐，叶可作饲料。

翠湖湿地： 常见，见于路边、绿地内。

29	元宝槭 | 元宝枫	无患子科 | 槭属
	Acer truncatum	Sapindaceae | *Acer*

形态特征: 落叶乔木。树皮灰褐色或深褐色,深纵裂。小枝无毛,当年生枝绿色,多年生枝灰褐色,具圆形皮孔。冬芽小,卵圆形。叶对生,纸质常掌状5裂,长5~10cm,裂片三角状卵形;幼叶下面脉腋具簇生毛,基脉5;叶柄长3~13cm。伞房花序顶生,雄花与两性花同株;萼片5,黄绿色;花瓣5,黄或白色,矩圆状倒卵形;雄蕊8。小坚果果核扁平,脉纹明显,翅矩圆形,常与果体等长,张开呈钝角。花期4~5月,果期8~9月。

生　境: 山坡、山脊林中或栽植于庭院、公园。

用　途: 木材供建筑使用,种子供工业用油,可供观赏。

翠湖湿地: 常见,见于路旁、绿地内。

30	七叶树	无患子科｜七叶树属
	Aesculus chinensis	Sapindaceae ｜ *Aesculus*

形态特征： 落叶乔木。树皮深褐色或灰褐色。小枝光滑。冬芽有树脂。掌状复叶，有长柄，小叶 5~7，长椭圆形或长圆状卵形，长 8~15cm，侧脉显著，边缘有细密锯齿。花序近圆柱形，长 21~25cm，花序轴有微柔毛，小花序具 5~10 朵花；花萼管状钟形，具微柔毛，不等 5 裂；花瓣 4，白色，长倒卵形或长倒披针形，边缘有纤毛；雄蕊 6。果球形或倒卵形，黄褐色，密被斑点。种子近球形，栗褐色。花期 4~5 月，果期 10 月。

生　境： 低海拔丛林中或栽植于公园。

用　途： 种子可入药，可供观赏。

翠湖湿地： 极少见，见于绿地内。

31 栾 | 栾树、灯笼树

Koelreuteria paniculata

无患子科 | 栾属

Sapindaceae | *Koelreuteria*

形态特征： 落叶乔木。树皮灰褐至灰黑色，老时纵裂。一回或不完全二回羽状复叶，连柄长 20~40cm；小叶对生或互生，卵形，边缘具锯齿或羽状分裂，上面中脉散生皱曲柔毛，下面脉腋具髯毛，有时小叶下面被茸毛。聚伞圆锥花序顶生，长 25~40cm，披柔毛；花淡黄色，中央红色；萼片 5，有睫毛，卵形；花瓣 4，花后反折；雄蕊 8，花丝下部密被白色长柔毛。蒴果圆锥形，具 3 棱，肿胀。种子近球形。花期 5~7 月，果期 8~9 月。

生　境： 向阳山坡、沟谷或栽植于公园。

用　途： 木材可作家具，叶、花可作染料，可观赏。

翠湖湿地： 常见，见于绿地内。

32	花椒	蜀椒、椒	芸香科	花椒属
	Zanthoxylum bungeanum		Rutaceae	*Zanthoxylum*

芸香科 Rutaceae

花椒 *Zanthoxylum bungeanum*

形态特征： 落叶小乔木或灌木。茎干被粗壮皮刺，小枝刺基部宽扁直伸，幼枝被柔毛。奇数羽状复叶，叶轴具窄翅，小叶对生，卵形；基部宽楔形或近圆，两侧稍不对称，具细锯齿，齿间具油腺点，上面无毛，下面基部中脉两侧具簇生毛。聚伞状圆锥花序顶生，长 2~5cm；花被片 6~8，黄绿色；雌雄异株，花小，有香味；雄花黄色，雌花红橙。蓇葖果熟时紫红色，果瓣径 4~5mm，散生突起油腺点，顶端具甚短芒尖或无。花期 5~6 月，果期 8~9 月。

生　境： 村边、路旁或栽植于庭院、公园。

用　途： 木材可制器具等。

翠湖湿地： 常见，见于绿地内。

33 柿 | 柿树

Diospyros kaki

柿科 | 柿属

Ebenaceae | *Diospyros*

形态特征： 落叶乔木。树皮黑灰色，鳞片状裂。冬芽卵圆形。叶纸质，卵状椭圆形或近圆形，长 6~18cm，宽 3~9cm，新叶疏被柔毛，老叶上面深绿色，有光泽，无毛。雌雄异株，稀雄株有少数雌花，雌株有少数雄花；聚伞花序腋生；花萼钟状，两面有毛，4 深裂，裂片有睫毛；花冠钟形，黄白色，被毛，4 裂，裂片开展；雄蕊 16~24；退化子房微小。浆果球形，老熟时橙红色或黄色。种子褐色，椭圆状。花期 5~6 月，果期 9~11 月。

生　境： 村旁、沟谷或栽植于庭院、果园。

用　途： 果可食，柿蒂可入药，木材可作家具。

翠湖湿地： 常见，见于路旁。

34	君迁子 | 黑枣	柿科 | 柿属
	Diospyros lotus	Ebenaceae | *Diospyros*

柿科 Ebenaceae

君迁子 *Diospyros lotus*

形态特征： 落叶乔木。树皮暗灰色，老时呈小方块裂；小枝褐色或棕色，平滑或有柔毛。叶互生近膜质，椭圆形或长椭圆形，长6~12cm，宽3.5~5.5cm，先端渐尖，基部宽楔形或近圆，上面深绿色，密生柔毛，后脱落，下面白色。花单性或杂性异株，雄花1~3朵簇生叶腋，花萼密生柔毛，花冠壶形，带红色或淡黄色，4裂；雌花单生，4数，花萼裂片大，花冠淡黄色。浆果球形，初熟时黄色，渐变蓝黑色，常被白薄蜡层。花期4~5月，果期9~11月。

生　境： 山坡林、村旁、庭院。

用　途： 果可食用或可入药，木材质硬可作家具。

翠湖湿地： 不常见，见于水岸边。

35 杜仲
Eucommia ulmoides

杜仲科 | 杜仲属
Eucommiaceae | *Eucommia*

形态特征： 落叶乔木。植株具丝状胶质。树皮灰褐色，粗糙。单叶互生，椭圆形、卵形或长圆形，薄革质，长6~15cm，宽3.5~6.5cm，先端渐尖，基部宽楔形或近圆，羽状脉，边缘具锯齿，表面无毛，背面脉上有长柔毛。雌雄异株，花常先叶开放或与新叶同出，无花被，生于小枝基部；雄花簇生具短梗，花药线形，花丝极短；雌花单生小枝下部，苞片倒卵形。翅果扁平，长椭圆形，先端2裂，基部楔形，周围具薄翅。花期4~5月，果期9~10月。

生　境： 栽植于公园、庭院。

用　途： 树皮可药用，树皮分泌的硬橡胶可作绝缘材料，种子可榨油。

翠湖湿地： 不常见，见于路旁。

36	美国红桉 | 洋白蜡	木樨科 | 桉属
	Fraxinus pennsylvanica	Oleaceae | *Fraxinus*

形态特征： 落叶乔木。树皮灰色，粗糙，皱裂。羽状复叶，长 18~40cm；小叶 7~9，薄革质，长圆状披针形或椭圆形，长 4~13cm，先端渐尖或尖，基部宽楔形，具不明显钝齿或近全缘。圆锥花序生于去年生枝上，长 5~20cm；花密集，雌雄异株，与叶同时开放；雄花花萼小，萼齿不规则深裂；两性花花萼较宽，萼齿浅裂；无花冠。翅果狭倒披针形，长 3~7cm，宽 0.4~1.2cm，翅下延近坚果中部，坚果圆柱形，脉棱明显。花期 4 月，果期 8~10 月。

生　境： 栽植于路旁、公园、庭院。

用　途： 可作行道树。

翠湖湿地： 常见，栽植于路旁。

序号 37~81

灌木
Shrub

37 紫叶小檗 | 红叶小檗

Berberis thunbergii 'Atropurpurea'

小檗科 | 小檗属

Berberidaceae | Berberis

形态特征： 落叶灌木。幼枝淡红带绿色，老枝暗红色具条棱。叶菱状卵形，长 5~35mm，宽 3~15mm，先端钝，基部下延成短柄，全缘，表面黄绿色，背面带灰白色，具细乳突，两面均无毛。花 2~5 朵呈具短总梗并近簇生的伞形花序，或无总梗而呈簇生状，花被黄色。小苞片带红色，急尖。花瓣长圆状倒卵形，先端微缺，基部以上腺体靠近；雄蕊长 3~3.5mm，花药先端截形。浆果红色，椭圆体形，长约 10mm，稍具光泽。花期 4~6 月，果期 7~10 月。

生　境： 栽植于庭院、公园。

用　途： 可供入药，可作染料。

翠湖湿地： 常见，见于路边栽植。

38 紫穗槐
Amorpha fruticosa

豆科｜紫穗槐属

Fabaceae｜*Amorpha*

豆科 Fabaceae

紫穗槐

Amorpha fruticosa

形态特征： 落叶灌木。植株丛生。嫩枝灰褐色有柔毛，老枝无毛。叶为奇数羽状复叶互生，小叶常为 11~25 片，卵形或椭圆形，长 1~4cm；先端圆形或稍凹，有小尖头，基部圆形或宽楔形，全缘，上面无毛或疏被毛，下面被白色短柔毛和黑色腺点。穗状花序顶生或生于枝条上部叶腋，密被短柔毛；花多数，密生；旗瓣心形，暗紫色，无翼瓣和龙骨瓣。荚果长圆形弯曲，先端有小突尖，成熟时棕褐色，表面有突起疣状腺点。花期 5~6 月，果期 8~9 月。

生　境： 山地路旁、灌丛中、堤坝。

用　途： 嫩枝和叶可作家畜饲料和绿肥，蜜源植物。

翠湖湿地： 极常见，见于路旁、水岸边。

39	**红花锦鸡儿** | 金雀儿	豆科 | 锦鸡儿属
	Caragana rosea	Fabaceae | *Caragana*

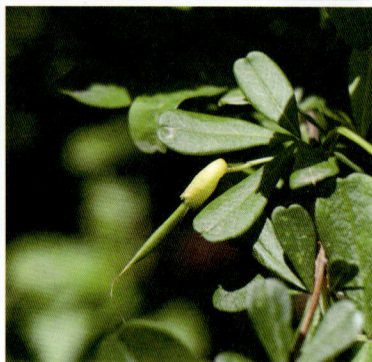

形态特征： 落叶灌木。老枝绿褐色或灰褐色，小枝细长，有棱，无毛。假掌状复叶互生，小叶4，楔状倒卵形，长1~2.5cm，宽4~12mm，近革质，先端圆钝或微凹，具刺尖，无毛；托叶部分变成细针刺。花单生，花梗具关节；花萼管状钟形，常带紫红色，萼齿三角形；花蕾红色，花冠初开时黄色，凋零时变为淡红色；旗瓣长圆状倒卵形，翼瓣与旗瓣近等长，龙骨瓣略短于翼瓣。荚果圆筒形，具渐尖头，褐红色，无毛。花期5~6月，果期7~8月。

生　境： 向阳山坡林缘、灌草丛。

用　途： 花蕾可食用。

翠湖湿地： 不常见，见于路旁，少量栽植。

40	**紫荆** ǀ 紫珠、满条红	豆科 ǀ 紫荆属
	Cercis chinensis	Fabaceae ǀ *Cercis*

豆科 Fabaceae

紫荆 *Cercis chinensis*

形态特征： 落叶灌木。树皮和小枝灰白色，小枝有皮孔。叶纸质近圆形，长 5~10cm，宽与长相等或略短于长，先端急尖，基部心形或圆形，全缘无毛；小枝、叶柄以及叶下面沿脉均被短柔毛。花 5~10 朵簇生于老枝和主干上，尤以主干上花束较多，越到上部幼嫩枝条花越少，通常先于叶开放，但嫩枝或幼株上的花则与叶同时开放；花紫红色或粉红色，长 1~1.5cm；花梗细，长 3~9mm。荚果扁狭长形，绿色，沿腹缝线有窄翅。花期 4 月，果期 8~9 月。

生　境： 栽植于庭院、屋旁、街边。

用　途： 树皮及根可入药，花可治风湿筋骨痛。

翠湖湿地：不常见，见于观鸟塔处。

41 长叶胡枝子 | 长叶铁扫帚

Lespedeza caraganae

豆科 | 胡枝子属

Fabaceae | *Lespedeza*

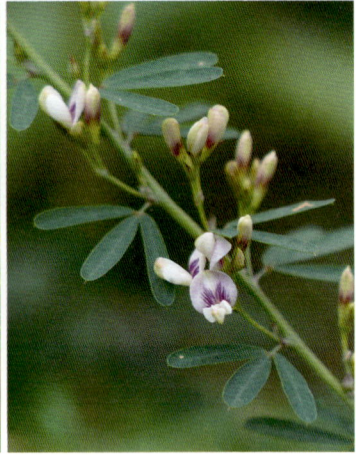

形态特征： 落叶小灌木。茎直立多棱，沿棱被短伏毛，分枝斜升。三出羽状复叶条形，长 2~4cm，宽 2~4mm，先端钝圆或微凹，具小刺尖；叶柄被短伏毛。总状花序腋生具 3~4 朵花，短于叶；花梗密被白色柔毛；小苞片狭卵形；花萼狭钟形，5 深裂，密被伏毛，裂片披针形；花冠显著超出花萼，白色或带淡粉色；旗瓣宽椭圆形，翼瓣稍短于旗瓣，龙骨瓣与旗瓣近等长，基部具长瓣柄。荚果倒卵状圆形，先端具短喙。花期 8~9月，果期 9~10 月。

生　境： 向阳山坡林缘、灌丛中。

用　途： 可做防风固沙，水土保持。

翠湖湿地： 常见，见于林缘、路旁。

42	兴安胡枝子 ┃ 达乌里胡枝子	豆科 ┃ 胡枝子属
	Lespedeza davurica	Fabaceae ┃ *Lespedeza*

形态特征： 落叶小灌木。茎直立、斜升或平卧，具短柔毛。三出羽状复叶，顶生小叶披针状矩形，长 2~3cm，宽 7~10mm，先端钝圆，有短尖，上面无毛，下面密生短柔毛；侧生小叶较小；叶柄短。总状花序腋生，短于叶，基部簇生无瓣花；花萼 5 深裂，裂片披针形，与花冠近等长；花冠淡黄白色，旗瓣长圆形，长约 1cm，中部稍带紫色，比翼瓣稍长，与龙骨瓣稍等长。荚果倒卵形，有白色柔毛，两面突起，先端有刺尖。花期 5~8 月，果期 7~9 月。

生　境： 路旁、田边、山坡灌丛中。

用　途： 可作牧草和绿肥。

翠湖湿地： 常见，见于林缘、路旁。

43 多花胡枝子 | 四川胡枝子　　　　豆科 | 胡枝子属

Lespedeza floribunda　　　　Fabaceae | *Lespedeza*

形态特征： 落叶小灌木。茎常自基部分枝，枝有条棱，被灰白色茸毛。三出羽状复叶，小叶具柄，倒卵形，长 1~1.5cm，宽 6~9mm，先端稍凹、钝圆或近截形，具小尖刺。总状花序腋生，总花梗细长，显著长于叶；花萼，5 裂，上部 2 裂片下部合生，先端分离；花冠紫色，旗瓣椭圆形，先端圆，基部具瓣柄，翼瓣稍短，龙骨瓣长于旗瓣；闭锁花簇生叶腋。荚果宽卵形，长约 7mm，超出宿存萼，有网状脉，密被柔毛。花期 7~9 月，果 8~10 月。

生　境： 低海拔向阳山坡、林缘、灌丛。

用　途： 可作家畜饲草和绿肥。

翠湖湿地： 常见，见于林缘、路旁。

44	贴梗海棠 ｜ 皱皮木瓜	蔷薇科 ｜ 木瓜海棠属
	Chaenomeles speciosa	Rosaceae ｜ *Chaenomeles*

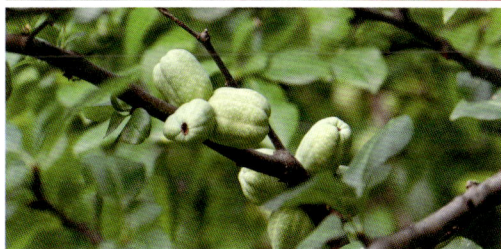

蔷薇科 Rosaceae

贴梗海棠 *Chaenomeles speciosa*

形态特征： 落叶灌木。枝条直立开展，有刺；小枝无毛，有疏生皮孔。叶卵形至椭圆形，长 3~9cm，宽 1.5~5cm，先端急尖稀圆钝，基部楔形至宽楔形，边缘具尖锐锯齿，齿尖开展，无毛。花先叶开放，3~5 朵簇生于二年生老枝；花直径 3~5cm；萼筒钟状，外面无毛；萼片直立，半圆形稀卵形，全缘或有波状齿和黄褐睫毛；花瓣倒卵形或近圆形，猩红色或白色。果实球形或卵球形，直径 4~6cm，黄或带红色。花期 3~5 月，果期 9~10 月。

生　境： 栽植于公园、庭院。

用　途： 可供入药、可供食用。

翠湖湿地： 不常见，见于山坡。

45 棣棠 ┃土黄条

Kerria japonica

蔷薇科┃棣棠属

Rosaceae ┃ *Kerria*

形态特征： 落叶灌木。小枝绿色，圆柱形，常拱垂，嫩枝有棱角。叶互生，三角状卵形或卵圆形，顶端长渐尖，基部圆形或微心形，边缘有尖锐锯齿，两面绿色，上面无毛或有稀疏柔毛；叶柄长 5~10mm，无毛。单花，着生在当年生侧枝顶端，花直径 2.5~6cm；萼片卵状椭圆形，顶端急尖，有小尖头，全缘，无毛，果时宿存；花瓣黄色，宽椭圆形，顶端下凹，比萼片长 1~4 倍。瘦果倒卵形至半球形，褐色或黑褐色，有皱褶。花期 4~6 月，果期 6~8 月。

生　境： 平地、山坡。

用　途： 可入药。

翠湖湿地： 较常见，见于绿地内。

46	郁李 ∣ 秧李	蔷薇科 ∣ 李属
	Prunus japonica	Rosaceae ∣ *Prunus*

形态特征： 落叶灌木。小枝灰褐色，嫩枝绿色，无毛。叶卵形或卵状披针形，长 3~7cm，有缺刻状尖锐重锯齿，上面无毛，下面淡绿色，无毛或脉有稀疏柔毛；叶柄长 2~3mm，无毛或被稀疏柔毛。花簇生，1~3 朵，花叶同放或先叶开放；萼筒陀螺形，长宽均 2.5~3mm，无毛；萼片椭圆形，比萼筒稍长，有细齿；花瓣白或粉红色，倒卵状椭圆形；花柱与雄蕊近等长，无毛。核果近球形，熟时深红色，径约 1cm。花期 5月，果期 5~8 月。

生　境： 山坡林下、灌丛中。

用　途： 种仁可入药。

翠湖湿地： 较常见，见于绿地内。

47	**毛樱桃** ┃ 山樱桃	蔷薇科 ┃ 李属
	Prunus tomentosa	Rosaceae ┃ *Prunus*

形态特征： 落叶灌木。小枝紫褐色或灰褐色，嫩枝密被茸毛到无毛。叶片卵状椭圆形或倒卵状椭圆形，上面极皱，下面密被灰色茸毛或以后变为稀疏。花成对着生，花叶同放，近先叶开放或先叶开放；萼筒管状，外被柔毛或无毛，萼片三角状卵形，先端圆钝或急尖，长 2~3mm；花瓣白色或粉红色，倒卵形；雄蕊短于花瓣；花柱伸出与雄蕊近等长或稍长。核果近球形，红色，无毛，可食，直径 0.5~1.2cm；核棱脊两侧有纵沟。花期 4 月，果期 5~6 月。

生　境： 山坡、沟谷或栽植于公园、庭院。

用　途： 种仁能制肥皂及润滑油，果可鲜食。

翠湖湿地： 较常见，见于绿地内。

48	**榆叶梅** ┃ 小桃红	蔷薇科 ┃ 李属
	Prunus triloba	Rosaceae ┃ *Prunus*

蔷薇科 Rosaceae

榆叶梅 *Prunus triloba*

形态特征： 落叶灌木或小乔木。枝条开展，具多数短小枝，小枝无毛或幼时微被柔毛。叶互生，宽椭圆形或倒卵形，先端常 3 浅裂，上面具疏柔毛，下面被短柔毛，边缘具粗锯齿或重锯齿。花 1~2 朵，成对着生于叶芽两侧，先于叶开放；萼筒宽钟形，近先端疏生小锯齿；花瓣近圆形或宽倒卵形，花瓣 5，粉红色；雄蕊 25~30。核果近球形，直径 1~1.8cm，外被短柔毛，熟时变红色，开裂。核近球形，具厚硬壳。花期 4 月，果期 8~9 月。

生　境： 栽植于庭院、公园。

用　途： 枝条、种子可入药。

翠湖湿地： 常见，见于绿地内。

49 七姊妹 | 十姊妹、七姐妹
Rosa multiflora var. *carnea*

蔷薇科 | 蔷薇属
Rosaceae | Rosa

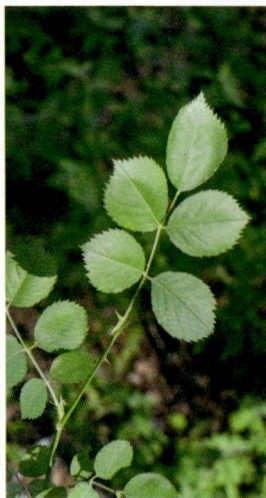

形态特征： 落叶灌木。枝细长，上升或蔓生，有钩状皮刺。羽状复叶，倒卵状圆形至长圆形，边缘具尖锯齿，两面常有疏柔毛；叶柄与叶轴均被柔毛，叶轴上疏生小刺，常有腺毛；托叶大，篦齿状裂，边缘有腺毛。常 6~7 朵呈扁平的伞房花序；花梗细，长 2~3cm，有柔毛或腺毛；苞片边缘羽裂；萼片卵形或三角状卵形，边缘常有 1~2 对丝状裂片，外而无毛；花瓣淡粉红色，重瓣，倒卵形。果球形，红褐色。花期 5~6 月，果期 8~9 月。

生　　境： 栽植于公园、庭院。

用　　途： 可供观赏。

翠湖湿地：较常见，见于绿地内、围栏边。

50	**茅莓** ┃ 婆婆头、红梅消	蔷薇科 ┃ 悬钩子属
	Rubus parvifolius	Rosaceae ┃ *Rubus*

形态特征：落叶灌木。枝弓形弯曲，被柔毛和稀疏钩状皮刺。小叶3枚或5枚，菱状圆卵形或倒卵形，长2.5~6cm，上面伏生疏柔毛，下面密被灰白色茸毛，边缘具粗锯齿或重锯齿，常具浅裂片；叶柄被柔毛和稀疏小皮刺。伞房花序顶生或腋生，多花，被柔毛和细刺；苞片线形，被柔毛；花萼密被柔毛和疏密不等的针刺，萼片披针形，有时条裂，花果期均直立开展；花瓣卵圆形，粉红或紫红色。果实卵球形，红色。花期5~6月，果期7~8月。

生　境：林下、向阳山谷、路旁。

用　途：全株可入药，果可食或酿酒、制醋。

翠湖湿地：不常见，见于路旁。

51	**华北珍珠梅** | 珍珠梅、吉氏珍珠梅	蔷薇科 | 珍珠梅属
	Sorbaria kirilowii	Rosaceae | *Sorbaria*

形态特征： 落叶灌木。小枝无毛。羽状复叶互生，小叶片 13~21，连叶柄长 21~25cm；小叶披针形至长圆状披针形，先端渐尖，稀尾尖，边缘有尖锐重锯齿。大型圆锥花序密集，直径 7~11cm；苞片线状披针形，全缘；被丝托钟状，无毛，萼片长圆形，无毛：花瓣倒卵形或宽卵形，白色，长 4~5mm；雄蕊 20，与花瓣等长或稍短；花盘圆盘状。蓇葖果长圆柱形，长约 3mm，花柱稍侧生，宿存萼片反折，稀开展；果柄直立。花期 6~7 月，果期 9~10 月。

生　境： 栽植于庭院、公园。

用　途： 茎皮、枝条和果穗可入药。

翠湖湿地： 常见，见于绿地内。

52	麻叶绣线菊 ┃ 麻叶绣球	蔷薇科 ┃ 绣线菊属
	Spiraea cantoniensis	Rosaceae ┃ *Spiraea*

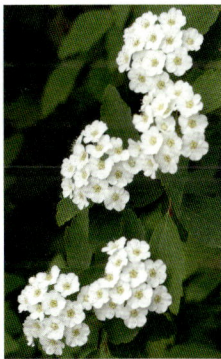

形态特征: 落叶灌木。小枝呈拱形弯曲,无毛。叶菱状长圆形,长 3~5cm,宽 1.5~2cm,先端尖,基部楔形,近中部以上具缺刻状锯齿,两面无毛,具羽状脉。伞形花序具多花,苞片线形,无毛;花径 5~7mm;花萼无毛,萼片二角形或卵状三角形;花瓣近圆形或倒卵形,白色;雄蕊 20~28,稍短于花瓣或几与花瓣等长;花盘具大小不等的近圆形裂片,裂片先端有时微凹;花柱短于雄蕊。蓇葖果直立开张,无毛。花期 4~5 月,果期 7~9 月。

生　　境: 栽植于庭院、公园。

用　　途: 可供观赏。

翠湖湿地: 较常见,见于路旁。

53 粉花绣线菊 | 火烧尖
Spiraea japonica

蔷薇科 | 绣线菊属

Rosaceae | *Spiraea*

形态特征：落叶灌木。枝条细长，小枝近圆柱形，无毛或幼时被短柔毛。叶片卵形至卵状椭圆形，先端急尖至短渐尖，基部楔形，边缘具缺刻状重锯齿或单锯齿。复伞房花序生于当年直立新枝顶端，花朵密集，密被短柔毛；苞片披针形或线状披针形，下面被毛；花径 4~7mm；萼片三角形，先端急尖；花瓣卵形至圆形，先端圆钝，长 2.5~3.5mm，宽 2~3mm，粉红色；雄蕊25~30，远长于花瓣。蓇葖果半开张，宿存萼片常直立。花期 6~7 月，果期 8~9 月。

生　境：栽植于庭院、公园。

用　途：果可入药。

翠湖湿地：较常见，见于绿地内。

54	珍珠绣线菊	珍珠花	蔷薇科	绣线菊属
	Spiraea thunbergii		Rosaceae	*Spiraea*

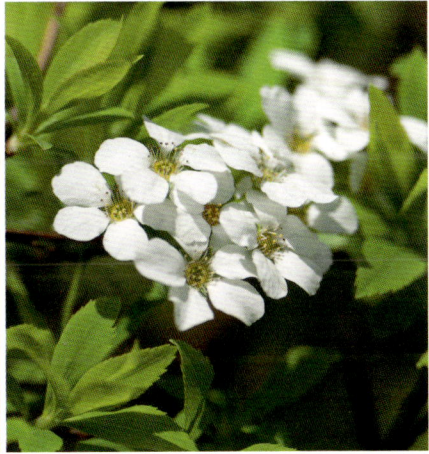

形态特征：落叶灌木。枝条呈弧形弯曲，小枝有棱角，幼时被毛，褐色，老时转红褐色。叶线状披针形，长 2.5~4cm，中部以上有尖锐锯齿，两面无毛。伞形花序无总梗，具花 3~7 朵，基部簇生数枚小型叶片；花梗细，长 6~10mm；花径 6~8mm；萼筒钟状，萼片三角形或卵状三角形，先端尖；花瓣倒卵形或近圆形，长宽 2~3.5mm，白色。花盘圆环形，由 10 个裂片组成。蓇葖果开张，无毛，宿存花柱近顶生，具直立或反折萼片。花期 4~5 月，果期 7 月。

生　境：栽植于庭院、公园。

用　途：茎皮、枝和果穗可入药。

翠湖湿地：较常见，见于林缘、绿地内。

55 鼠李 | 大绿
Rhamnus davurica

鼠李科 | 鼠李属

Rhamnaceae | *Rhamnus*

形态特征： 落叶灌木或小乔木。小枝顶端有披针形的顶芽，无刺。叶纸质，对生或近对生，或在短枝上簇生，卵状椭圆形，长 3~12cm，先端突尖、短渐尖或渐尖，基部楔形或近圆，边缘有细圆齿，齿端常有红色腺体，侧脉 4~6 对，两面突起，网脉明显；叶柄长 1.5~4cm。花单性异株，4 数，有花瓣；雄花 1~3 腋生或数朵至 20 余朵簇生短枝；花梗长 7~8mm。核果球形，成熟时黑紫色，直径 6mm。种子卵形，背面有沟。花期 5~6 月，果期 9~10 月。

生　境： 山地、沟谷。

用　途： 可入药。

翠湖湿地： 常见，见于路旁、林下。

56	冬青卫矛 | 大叶黄杨	卫矛科 | 卫矛属
	Euonymus japonicus	Celastraceae | *Euonymus*

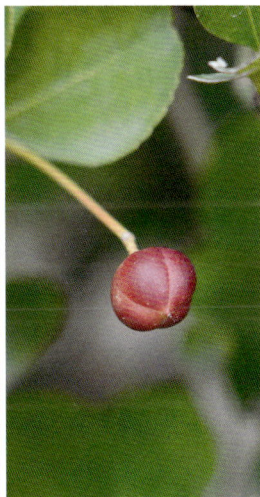

形态特征： 常绿灌木。小枝具 4 棱，具细微皱突。冬芽绿色，纺锤形。叶对生，革质，倒卵形或椭圆形，长 3~5cm，先端圆钝，基部楔形，具浅细钝齿；侧脉 5~7 对；叶柄长约 1cm。聚伞花序 5~12 花，花序梗长 2~5cm，2~3 次分枝；花白绿色，径 5~7mm；花萼裂片半圆形；花瓣近椭圆形；花丝常弯曲；子房每室 2 胚珠，着生中轴顶部。蒴果近球形，熟时淡红色。种子每室 1，顶生，椭圆形，假种皮橘红色，全包种子。花期 6~7 月，果熟期 9~10 月。

生　境： 栽植于庭院、公园。

用　途： 根茎叶可入药，可供观赏或做绿篱。

翠湖湿地： 较常见，见于路旁。

57 雀儿舌头 | 雀舌木

Leptopus chinensis

叶下珠科 | 雀舌木属

Phyllanthaceae | *Leptopus*

形态特征： 小灌木。茎上部和小枝条具棱；除枝条、叶片、叶柄和萼片均在幼时被疏短柔毛外，其余无毛。叶片膜质至薄纸质，卵形至披针形，长 1~4.5cm，宽 0.4~2cm，基部宽楔形；叶柄纤细，长 2~8mm。花小，单性，雌雄同株，单生或 2~4 朵簇生于叶腋；萼片 5，基部合生；雄花花瓣 5，白色，腺体 5，顶端 2 裂，雄蕊 5；雌花的花瓣较小，子房 3 室，无毛；花柱 3，2 裂。蒴果球形或扁球形，直径约 6mm，下垂。花期 4~6 月，果期 7~9 月。

生　境： 山坡、沟谷、林缘、灌丛中。

用　途： 可供绿化或观赏，可制农药。

翠湖湿地： 较常见，见于草地、荒地。

58	紫薇 ∣ 痒痒树	千屈菜科 ∣ 紫薇属
	Lagerstroemia indica	Lythraceae ∣ *Lagerstroemia*

千屈菜科 Lythraceae

紫薇 *Lagerstroemia indica*

形态特征： 落叶灌木或小乔木。树皮平滑，灰褐色。小枝具4棱，略呈翅状。叶互生或对生，椭圆形、宽长圆形或倒卵形，长2.5~7cm，宽2.5~4cm，先端短尖或钝，有时微凹，基部宽楔形或近圆。圆锥花序顶生，花淡红、紫色或白色，径约3cm；花萼绿色；花瓣6，皱缩，具长爪；雄蕊多枚，外轮6枚较长，着生于花萼上，其余着生于萼筒基部。蒴果椭圆状球形，6瓣裂，熟时紫黑色，基部具宿存花萼。种子有翅。花期6~9月，果期9~12月。

生　境： 栽植于庭院、公园。

用　途： 树皮、叶、花、根可入药，可供观赏，可作木材。

翠湖湿地：常见，见于路旁、绿地内。

59 黄栌 | 红叶

Cotinus coggygria var. *cinereus*

漆树科 | 黄栌属

Anacardiaceae | *Cotinus*

形态特征: 落叶灌木。叶倒卵形或卵圆形,长3~8cm,宽2.5~6cm,先端圆形或微凹,基部圆形或阔楔形,全缘;两面尤其叶背被显著灰色柔毛;叶柄短;揉碎后有特殊气味。圆锥花序被柔毛;花黄绿色,径约3mm;花萼无毛,裂片卵状三角形;花瓣卵形或卵状披针形,无毛;雄蕊5,花药卵形,与花丝等长,花盘5裂,紫褐色。果序上有许多伸长成紫红色羽毛状的不育花花梗;果肾形,长约4.5mm,宽约2.5mm,无毛。花期4~5月,果期6~7月。

生 境: 向阳山坡林中或栽植于公园、庭院。

用 途: 秋叶可供观赏,可作黄色染料,树皮和叶可提制栲胶,嫩芽可食用。

翠湖湿地: 常见,见于绿地内。

60	**火炬树** ∣ 火炬漆	漆树科 ∣ 盐麸木属
	Rhus typhina	Anacardiaceae ∣ *Rhus*

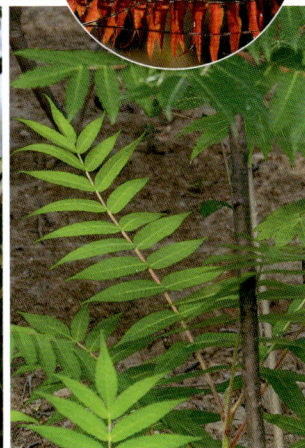

漆树科
Anacardiaceae

火炬树
Rhus typhina

形态特征： 落叶灌木或小乔木。具乳汁。树形不整齐。小枝粗壮，红褐色，枝叶均密生茸毛。奇数羽状复叶，互生；叶轴无翅；小叶19~25枚，长椭圆状披针形，长4~8cm，先端长渐尖，边缘有锐锯齿；叶面深绿色，叶背苍白色，两面有茸毛，老时脱落。雌雄异株；圆锥花序长10~20cm，直立，密生茸毛；花黄绿色，雌花花柱有红色刺毛。核果深红色，密被红色短刺毛；花柱宿存，聚生呈紧密的火炬形果序。花期5~6月，果期8~10月。

生　境： 山地、路旁。

用　途： 可用于造林绿化、护坡固堤、封滩固沙。

翠湖湿地： 极常见，见于路旁、岸边。

61 红枫 | 红槭
Acer palmatum 'Atropurpureum'

无患子科 | 槭属

Sapindaceae | *Acer*

形态特征： 落叶灌木或小乔木。树冠伞形，枝条开张，细弱光滑，紫红色。单叶对生，近圆形，薄纸质，掌状 7~9 深裂，裂深常为全叶片的 1/2~1/3，基部心形，裂片卵状长椭圆形至披针形，顶端尖，有细锐重锯齿，背面脉腋有白簇毛；叶片常年红色或紫红色。伞房花序，径约 6~8mm；萼片暗红色；花瓣紫色。翅果，果长 1~2.5cm，两翅开展呈钝角。花期 5 月，果期 9~10 月。

生　境： 栽植于庭院、公园。

用　途： 可入药用，可供观赏。

翠湖湿地： 不常见，见于绿地内，少量栽植。

62	木槿 ǀ 朝开暮落花	锦葵科 ǀ 木槿属
	Hibiscus syriacus	Malvaceae ǀ *Hibiscus*

形态特征： 落叶灌木。小枝密被黄色茸毛。叶菱形至三角状卵形，长 3~10cm，先端钝，基部楔形，边缘具不整齐缺齿，具 3 主脉，下面沿脉略有毛。花单生枝端叶腋间，具短柄，被短茸毛；小苞片 6~8，线形，被茸毛；花萼钟形，裂片 5，三角形；花冠钟形，有红、紫、白各色，径 5~6cm，花瓣 5；雄蕊柱长约 3cm，花柱分枝 5。蒴果卵圆形，径约 1.2cm，密被黄色星状茸毛，具短喙。种子肾形，背部被黄白色长柔毛。花果期 7~10 月。

生　境： 栽植于庭院、公园。

用　途： 可供观赏，茎皮可入药。

翠湖湿地： 较常见，见于绿地内。

065

63 甘蒙柽柳
Tamarix austromongolica

柽柳科 | 柽柳属
Tamaricaceae | *Tamarix*

形态特征: 落叶灌木或乔木。树干和老枝栗红色,枝直立;幼枝质硬直伸而不下垂。叶互生,鳞片状,灰蓝绿色,木质化生长枝上基部的叶阔卵形,上部的叶卵状披针形,急尖。春、夏、秋均开花;春季总状花序侧生于去年生枝,花序轴质硬而直伸;夏、秋季总状花序生于当年生幼枝,组成顶生圆锥花序;苞片卵形;花瓣5,倒卵状长圆形,淡紫红色,先端外弯;雄蕊5,伸出花瓣之外,花丝丝状。蒴果长圆锥形。花期5~8月,果期6~9月。

生　境: 水边、河滩盐碱地。

用　途: 枝条可作编筐原料,老枝用作农具柄。

翠湖湿地: 不常见,见于水边、林中。

64	圆锥绣球 | 水亚木	绣球科 | 绣球属
	Hydrangea paniculata	Hydrangeaceae | *Hydrangea*

形态特征： 落叶灌木或小乔木。幼枝疏被柔毛，具圆形浅色皮孔。叶纸质，2~3 片对生或轮生，卵形，长 5~14cm，先端渐尖或骤尖，基部圆或宽楔形，密生小锯齿，上面无毛或疏被糙伏毛，下面沿中脉侧脉被紧贴长柔毛，侧脉 6~7 对。圆锥状聚伞花序长达 26cm，密被柔毛；不育花白色，萼片 4；孕性花萼筒陀螺状；萼齿三角形；花瓣分离，白色，卵形或披针形，基部平截；雄蕊不等长。蒴果椭圆形，顶端突出部分圆锥形。花期 7~8 月，果期 10~11 月。

生　境： 山谷、山坡疏林下或山脊灌丛中。

用　途： 可入药，可供观赏。

翠湖湿地： 极少见，见于路旁。

65 薄皮木 | 白柴、华山野丁香

Leptodermis oblonga

茜草科 | 野丁香属

Rubiaceae | *Leptodermis*

形态特征： 落叶灌木。小枝纤细，灰色至淡褐色，被微柔毛，表皮薄，常片状剥落。叶对生，矩圆形或倒披针形，全缘，长 1~1.5cm；柄间托叶膜质透明，三角形，长约 2mm，在中部联合呈一个长尖；叶柄短。花无梗，5 数，常 2~10 朵簇生枝顶或叶腋内；小苞片卵形，长约 3mm，被柔毛，合生；花萼长 2.5mm，裂片矩圆形，比萼筒短，有睫毛。花冠淡紫红色，漏斗状，长 1.2~1.5cm，下部常弯曲。蒴果椭球形，长 5~6mm。花期 6 ~ 8 月，果期 7~9 月。

生　　境： 山坡、路边、灌丛中。

用　　途： 可作饲料。

翠湖湿地： 极少见，见于石缝中。

66	枸杞 | 狗奶子	茄科 | 枸杞属
	Lycium chinense	Solanaceae | *Lycium*

茄科 Solanaceae

枸杞 *Lycium chinense*

形态特征： 落叶灌木。枝细长，柔弱，弯曲或俯垂，小枝顶端呈棘刺状。叶互生或簇生于短枝上，卵形至卵状披针形，长 1~1.5cm，宽 0.5~1.7cm，先端尖，基部楔形，全缘。花常 1~4 朵簇生于叶腋，花梗细；花萼钟状，3~5 裂；花冠漏斗状，紫色，冠筒向上骤宽，较冠檐裂片稍短或近等长，5 深裂，裂片卵形，平展或稍反曲，具缘毛，基部耳片显著；雄蕊 5，稍短于花冠。浆果卵圆形，长 5~15mm，红色可食。种子肾形，黄色。花期 6~9 月，果期 7~10 月。

生　境： 村边、路旁、山坡林缘、灌丛。

用　途： 果实、根皮可入药。

翠湖湿地： 极少见，见于林下。

67 探春花 | 迎夏、黄素馨

Chrysojasminum floridum

木樨科 | 探春花属

Oleaceae | *Chrysojasminum*

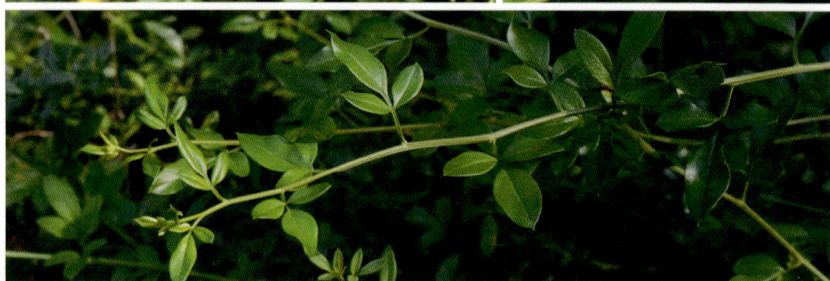

形态特征： 落叶灌木。小枝褐色或黄绿色，当年生枝草绿色，扭曲，四棱形，无毛。羽状复叶互生，小叶 3 或 5，稀 7，小枝基部常有单叶；小叶卵形或椭圆形，长 0.7~3.5cm，先端具小尖头，基部楔形或圆。聚伞花序顶生，有 3~25 花；苞片锥形；花萼无毛，具 5 条肋，裂片锥状线形；花冠黄色，近漏斗状，花冠筒长 0.9~1.5cm，裂片卵形或长圆形，边缘具纤毛。浆果长圆形或球形，长 0.5~1cm，成熟时黑色。花期 5~9 月，果期 9~10 月。

生　境： 山谷、灌木丛中。

用　途： 可供观赏。

翠湖湿地： 极少见，见于灌丛中。

68	连翘 ┃ 毛连翘	木樨科 ┃ 连翘属
	Forsythia suspensa	Oleaceae ┃ *Forsythia*

一花一叶——翠湖国家城市湿地公园·植物图谱

木樨科 Oleaceae

连翘 *Forsythia suspensa*

形态特征： 落叶灌木。茎直立。枝开展或下垂，小枝疏生皮孔，节间中空，节部具实心髓。叶常为单叶，一部分形成羽状三出复叶；叶片卵形或椭圆形，长 2~10cm，宽 1.5~5cm，叶缘除基部外具粗锯齿。花常单生或 2 至数朵腋生，先于叶开放；花萼绿色，裂片长圆形，与花冠管近等长，边缘具睫毛；花冠黄色，4 裂，裂片倒卵状长圆形；雄蕊 2，着生在花冠筒基部。蒴果卵球状，二室，表面散生瘤点。花期 3~4 月，果期 7~9 月。

生　境： 山坡灌丛、林下或栽植于庭院、公园。

用　途： 果皮可入药，可供观赏，种子油可制香皂及化妆品。

翠湖湿地： 常见，栽植于路旁。

69 金钟花｜黄金条
Forsythia viridissima

木樨科｜连翘属
Oleaceae｜*Forsythia*

形态特征： 落叶灌木。枝棕褐色或红棕色，直立，小枝绿色或黄绿色，呈四棱形，皮孔明显，具片状髓。单叶；长椭圆形或披针形，长3.5~15cm，宽1~4cm，先端锐尖，基部楔形，上部常具不规则锐齿或粗齿，稀近全缘。花1~4朵腋生，先于叶开放；花萼裂片绿色，卵形、宽卵形或宽长圆形，约为花冠管长度之半，具睫毛；花冠深黄色，花冠管裂片窄长圆形，反卷。蒴果卵球形，长1~1.5cm，先端喙状渐尖，具皮孔。花期3~4月，果期8~11月。

生　境： 山坡灌丛、林下或栽植于庭院、公园。
用　途： 果皮可入药，可供观赏，种子油可制香皂及化妆品。
翠湖湿地：常见，栽植于路旁。

70	**迎春花** ǀ 迎春 *Jasminum nudiflorum*	木樨科 ǀ 素馨属 Oleaceae ǀ *Jasminum*

木樨科 Oleaceae

迎春花 *Jasminum nudiflorum*

形态特征： 落叶灌木。枝条下垂，小枝四棱形，无毛，棱上多少具窄翼。叶对生，三出复叶，小枝基部常具单叶；小叶卵形或椭圆形，先端具短尖头，基部楔形；顶生小叶长1~3cm；侧生小叶长0.6~2.3cm；幼叶两面稍被毛，老叶仅叶缘具睫毛。花单生于去年生小枝叶腋，先于叶开放；花梗长2~3mm；苞片小叶状；花萼绿色，裂片5~6；花冠黄色，径2~2.5cm，裂片5~6，椭圆形。浆果双生或其中一个不育而成单生，椭圆形，熟时蓝黑色。花期3~4月。

生　境： 山坡灌丛中或栽植于庭院、公园。

用　途： 可供观赏。

翠湖湿地： 常见，栽植于路旁。

71	金叶女贞	木樨科 | 女贞属
	Ligustrum × vicaryi	Oleaceae | *Ligustrum*

形态特征： 落叶灌木或小乔木。树皮褐色，具纵条棱。老枝有皮孔。奇数羽状复叶对生；小叶 5~7 枚，长圆状披针形，长约 10cm，宽约 5cm，叶缘具小锯齿；初生叶金黄色，成熟叶黄绿色。花与叶同出，圆锥花序顶生，长约 10cm；有花梗；花冠白色，小且密集；雄蕊与花冠裂片等长，花药黄白色。核果状浆果熟时红色，直径约 4mm。花期 5~7 月，果期 7~9 月。

生　境： 栽植于庭院、公园中。

用　途： 可供观赏。

翠湖湿地： 常见，栽植于路旁。

72	紫丁香 ┃ 华北紫丁香	木樨科 ┃ 丁香属
	Syringa oblata	Oleaceae ┃ *Syringa*

木樨科 Oleaceae

紫丁香 *Syringa oblata*

形态特征： 落叶灌木或小乔木。小枝、花序轴、花梗、苞片、花萼、幼叶两面及叶柄均密被腺毛。叶革质或厚纸质，卵圆形或肾形，长2~14cm，宽2~15cm，先端短突尖或长渐尖，基部心形、平截或宽楔形；叶柄长1~3cm。圆锥花序直立，由侧芽抽生；花萼长约3mm；花冠紫色，花冠筒圆柱形，长0.8~1.7cm，裂片直角开展，长3~6mm；花药黄色，位于花冠筒喉部。蒴果卵圆形或长椭圆形，长1~2cm，顶端长渐尖，几无皮孔。花期4~5月，果期6~10月。

生　境： 山坡丛林、沟谷路旁、水边。

用　途： 可净化空气，花可提制芳香油，嫩叶可代茶，可供观赏。

翠湖湿地： 常见，栽植于路旁。

73 大叶醉鱼草 | 大卫醉鱼草　　玄参科 | 醉鱼草属

Buddleja davidii　　Scrophulariaceae | *Buddleja*

形态特征： 落叶灌木。叶对生，膜质，卵形或披针形，长 1~20cm，宽 0.3~7.5cm，先端渐尖，基部楔形，具细齿，上面初疏被星状短柔毛，后脱落无毛，侧脉 9~14 对；叶柄间具 2 卵形托叶，有时早落。总状或圆锥状聚伞花序顶生，长 4~30cm；花萼钟状，被星状毛，后脱落无毛，内面无毛；花冠淡紫、黄白至白色，喉部橙黄色，芳香，花冠筒内面被星状短柔毛，全缘或具不整齐锯齿；雄蕊着生花冠筒内壁中部。蒴果长圆形，2 瓣裂。花期 5~10 月，果期 9~11 月。

生　境： 山坡、沟边灌木丛中。

用　途： 花、叶可入药，叶、根可作农药。

翠湖湿地： 常见，见于路旁。

74	**木香薷** ┃ 柴荆芥	唇形科	香薷属
	Elsholtzia stauntonii	Lamiaceae	*Elsholtzia*

形态特征： 落叶亚灌木。植株具有强烈香气。小枝被微柔毛。叶披针形对生，长 8~12cm。穗状花序偏向一侧，被灰白微柔毛，轮伞花序 5~10 花；苞片披针形，带紫色；花萼管状钟形，内面无毛；萼齿卵状披针形，近等大，被灰白色茸毛；花冠淡红紫色，被白色柔毛及稀疏腺点，内面具间断髯毛环，冠筒漏斗形，上唇长，顶端微缺，下唇中裂片近圆形，侧裂片近卵形；雄蕊 4，前对较长，伸出花冠外。小坚果椭圆形，光滑。花期 8~10 月，果期 9~11 月。

生　境： 草地、灌丛、林缘、沟谷及石质山坡。

用　途： 可入药，可提取芳香油。

翠湖湿地： 极少见，见于灌丛中。

75	荆条 ǀ 荆	唇形科 ǀ 牡荆属
	Vitex negundo var. *heterophylla*	Lamiaceae ǀ *Vitex*

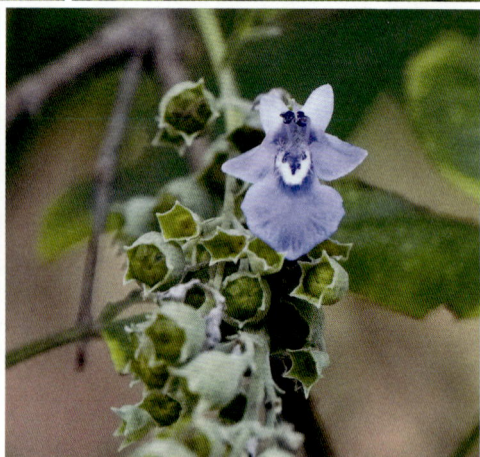

唇形科

Lamiaceae

荆条

Vitex negundo var. heterophylla

形态特征： 落叶灌木。枝四棱形，小枝密被灰白色茸毛。掌状复叶，对生，揉碎后有香气；小叶5，偶为3片，中间小叶最大，两侧依次渐小；小叶片椭圆状卵形至披针形，边缘有缺刻状锯齿、浅裂以至深裂，背面密被灰白色茸毛。圆锥花序顶生，长10~27cm，花序梗密被灰色茸毛；花萼钟状，顶端5齿裂；花冠淡紫色，被茸毛，二唇形；雄蕊伸出花冠外。核果球形，径约3mm，宿萼包被果实的大部分。花期5~7月，果期9~10月。

生　境： 山坡、路旁。

用　途： 茎、果实和根均可入药，花可供制蜂蜜，枝可编筐。

翠湖湿地：常见，见于路旁。

76	金叶接骨木	荚蒾科 | 接骨木属
	Sambucus canadensis 'Aurea'	Viburnaceae | *Sambucus*

荚蒾科 Viburnaceae

金叶接骨木 *Sambucus canadensis* 'Aurea'

形态特征： 落叶灌木或小乔木。树皮褐色，具纵条棱。老枝有皮孔。奇数羽状复叶对生；小叶 5~7 枚，长圆状披针形，长约 10cm，宽约 5cm，叶缘具小锯齿；初生叶金黄色，成熟叶黄绿色。花与叶同出，圆锥花序顶生，长约10cm；有花梗；花冠白色，小且密集；雄蕊与花冠裂片等长，花药黄白色。核果状浆果熟时红色，直径约 4mm。花期 5~7 月，果期 7~9 月。

生　境： 栽植于庭院、公园。

用　途： 可供观赏。

翠湖湿地： 常见，见于路旁。

77 欧洲荚蒾
Viburnum opulus

形态特征： 落叶灌木。当年小枝有棱，有突起皮孔。冬芽卵圆形。叶圆卵形、宽卵形或倒卵形，长 6~12cm，3 裂，掌状 3 出脉，基部圆、平截或浅心形，无毛，裂片先端渐尖，具粗牙齿。复伞形式聚伞花序，径 5~10cm，有大型不孕花；花冠白色，辐状，裂片近圆形，长约 1mm，筒部与裂片几等长，内被长柔毛；雄蕊长为花冠 1.5 倍以上，花药黄白色；不孕花白色，径 1.3~2.5cm。核果熟时红色，近圆形。花期 5~6 月，果期 9~10 月。

生　境： 栽植于庭院、公园。

用　途： 可供观赏。

翠湖湿地： 常见，见于路旁。

78	猬实 | 蝟实	忍冬科 | 猬实属
	Kolkwitzia amabilis	Caprifoliaceae | *Kolkwitzia*

忍冬科 Caprifoliaceae

猬实 *Kolkwitzia amabilis*

形态特征：落叶灌木。幼枝红褐色，被柔毛及糙毛，老枝光滑，茎皮剥落。叶对生，椭圆形至卵状椭圆形，全缘，稀有浅齿，两面疏生短毛。2 花聚伞花序组成伞房状，顶生或腋生于具叶侧枝之顶，花几无梗；苞片 2 披针形，紧贴子房基部；萼筒密被刚毛，上部缢缩似颈，裂片钻状披针形；花冠淡红色，钟状；裂片不等，其中二枚稍宽短，内面具黄色斑纹。2 瘦果状核果合生，密被黄色刚毛，萼齿宿存。花期 5~6 月，果期 8~9 月。

生　境：山坡、路边和灌丛中，或栽植于庭院、公园。

用　途：可供观赏。

翠湖湿地：常见，见于路旁。

79 金银忍冬 | 金银木

Lonicera maackii

忍冬科 | 忍冬属

Caprifoliaceae | *Lonicera*

忍冬科 Caprifoliaceae

金银忍冬

Lonicera maackii

形态特征：落叶灌木。幼枝、叶两面脉、叶柄、苞片、小苞片及萼檐外面均被柔毛和微腺毛。叶纸质，卵状椭圆形，长 5~8cm。花成对生于叶腋，芳香，总花梗极短；苞片线形，有时条状倒披针形而呈叶状；小苞片绿色，多少连合成对，长为萼筒的 1/2 至几相等；相邻两萼筒分离，萼檐钟状，萼齿 5，宽三角形或披针形；花冠先白后黄色，唇形，冠筒长约为唇瓣的 1/2。浆果球形，熟时暗红色，直径 5~6mm。花期 4~5 月，果期 9~10 月。

生　境：栽植于公园、庭院。

用　途：叶子可入药，茎皮可制人造棉，花可提取芳香油，种子可制肥皂。

翠湖湿地：常见，见于路旁。

80	**新疆忍冬** ǀ 桃色忍冬	忍冬科 ǀ 忍冬属
	Lonicera tatarica	Caprifoliaceae ǀ *Lonicera*

形态特征: 落叶灌木。全株近于无毛。叶纸质,卵形或卵状矩圆形,有时矩圆形,两侧常稍不对称,边缘有短糙毛。苞片条状披针形或条状倒披针形,长与萼筒相近或较短;小苞片分离,近圆形至卵状矩圆形,长为萼筒的 1/3~1/2;相邻两萼筒分离,萼檐具三角形或卵形小齿;花冠粉红或白色,唇形,冠筒短于唇瓣,长 5~6mm,基部常有浅囊,上唇两侧裂深达唇瓣基部,开展,中裂较浅。双浆果球形,双果之一常不发育。花期 5~6 月,果期 7~8 月。

生　境: 山坡、林缘、灌丛。

用　途: 可供观赏。

翠湖湿地: 较常见,见于路旁。

81 红王子锦带花 | 红王子锦带

Weigela 'Red Prince'

忍冬科 | 锦带花属

Caprifoliaceae | *Weigela*

形态特征： 落叶灌木。幼枝有2列短毛。叶具短柄或近无柄，椭圆形至倒卵状椭圆形，长5~10cm，顶端渐尖，基部近圆形至楔形，边有锯齿，上面疏生短毛尤以中脉为甚，下面的毛较上面密。聚伞花序生短枝叶腋和顶端；花大，鲜红色；萼筒长1.2~1.5cm，裂片5，下部合生；花冠漏斗状钟形，长3~4cm，外疏生微毛，裂片5；雄蕊5，着生于花冠中部以上，稍短于花冠。蒴果顶有短柄状喙，疏生柔毛。花期6~8月，果期8~9月。

生　　境： 林下、灌木丛，或栽植于庭院、公园。

用　　途： 可供观赏。

翠湖湿地： 常见，见于路旁。

序号 82 ~ 285

草本
Herb

82 垫状卷柏 | 还魂草

Selaginella pulvinata

卷柏科 | 卷柏属

Selaginellaceae | *Selaginella*

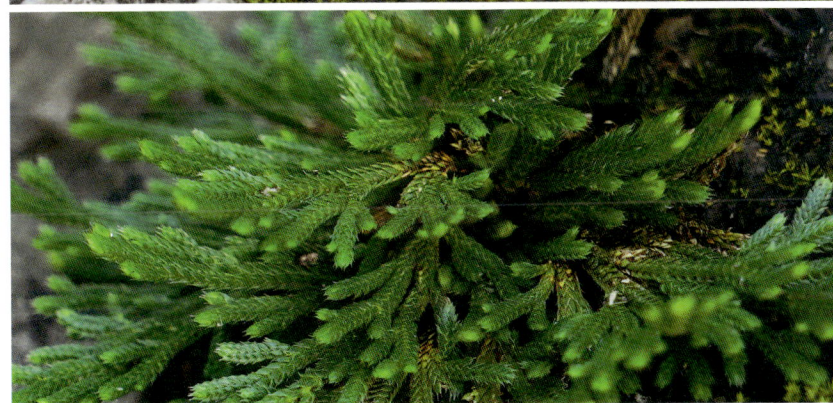

卷柏科 Selaginellaceae

垫状卷柏 *Selaginella pulvinata*

形态特征： 多年生草本。冬季或干旱时植株内卷，状如拳头。主茎短，自近基部羽状分枝，呈莲座状，禾秆色或棕色。分枝的腋叶对称，卵圆形或三角形，长2.5cm，边缘撕裂状并具睫毛；中叶边缘内卷呈全缘状；侧叶不对称，边缘撕裂状；中叶两排直向排列，叶尖指向前方，内缘呈二平行线。孢子囊穗生枝顶，四棱柱形长1~2cm；孢子叶一型，无白边，边缘撕裂状，具睫毛；大孢子黄白或深褐色；小孢子浅黄色。

生　境： 山坡或沟谷石缝中。

用　途： 全草可入药。

翠湖湿地： 极少见，见于景石上的泥土中。

83 中华卷柏
Selaginella sinensis

卷柏科 | 卷柏属

Selaginellaceae | *Selaginella*

形态特征： 多年生草本。茎纤细圆柱状，不具纵沟，光滑无毛，匍匐，羽状分枝，禾秆色，随处着地生根；枝互生，二叉分。叶交互排列，略二型，贴伏茎上，钝头，边缘有长纤毛；中叶和侧叶近同形，纸质，光滑，非全缘，边缘具白色缘毛，中叶稍向前，侧叶略上斜。孢子囊穗生小枝顶端，四棱形；孢子叶卵状三角形，具睫毛，有白边，背部龙骨状；大小孢子囊同穗，大孢子白色，小孢子橘红色。

生　境： 灌丛中，岩石上、林下、土坡上。

用　途： 全草可入药。

翠湖湿地： 较常见，见于林下。

84	荚果蕨	野鸡膀子	球子蕨科	荚果蕨属
	Matteuccia struthiopteris		Onocleaceae	*Matteuccia*

形态特征： 多年生草本。根状茎粗壮，短而直立，木质，坚硬，与叶柄基部密被鳞片。叶二型，簇生呈莲座状；营养叶互生或近对生，二回羽状深裂，长45~90cm，羽片35~60对，斜展，叶片倒披针形；叶柄长10~20cm，深棕色；能育叶较短，直立，有粗硬而较长的柄，一回羽状，羽片向下反卷成有节的荚果状，呈念珠形，深褐色，包裹孢子囊群。小脉先端形成囊托，位于羽轴与叶边之间，孢子囊群圆形，成熟时连接成为线形，囊群盖膜质。

生　境： 山谷林下或河岸湿地。

用　途： 嫩叶可食。

翠湖湿地： 不常见，见于林下。

85 半夏 | 三叶半夏

Pinellia ternata

天南星科 | 半夏属

Araceae | *Pinellia*

形态特征： 多年生草本。块茎圆球形。叶基生，一年生者为单叶，心状箭形至椭圆状箭形；二至三年生者为 3 小叶复叶；小叶卵状椭圆形或披针形；叶柄长 15~20cm，基部具鞘，有 1 珠芽。肉穗花序，花序梗长 25~35cm，下部为雌花，上部为雄花，佛焰苞淡绿或绿白色，管部窄圆柱形，长 1.5~2cm，檐部长圆形，绿色，有时边缘青紫色，长 4~5cm；顶端附属器细长，绿至青紫色，长 6~10cm，直立，有时弯曲。花期 6~8 月，果期 8~9 月。

生 境： 村旁、水边、草丛中、山坡林下。

用 途： 块茎有毒，经炮制后可入药。

翠湖湿地： 不常见，见于林下、草丛。

86	射干 ┃ 野萱花	鸢尾科 ┃ 鸢尾属
	Iris domestica	Iridaceae ┃ *Iris*

形态特征： 多年生草本。根状茎斜伸，黄褐色。叶互生，剑形，无中脉，嵌叠状 2 列，长 20~40cm，宽 2~4cm。花序叉状分枝；花梗及花序的分枝处有膜质苞片；花橙红色，有紫褐色斑点，径 4~5cm；花被裂片倒卵形或长椭圆形，长约 2.5cm，宽约 1cm，内轮较外轮裂片稍短窄；雄蕊花药线形外向开裂，长 1.8~2cm；柱头有细短毛，子房倒卵形。蒴果倒卵圆形，长 2.5~3cm，室背开裂果瓣外翻，中央有直立果轴。花期 6~8 月，果期 8~9 月。

生　境： 林缘、山坡草地。

用　途： 根状茎可入药。

翠湖湿地： 不常见，见于林缘。

射干 *Iris domestica*

87 德国鸢尾

Iris germanica

鸢尾科 | 鸢尾属

Iridaceae | *Iris*

形态特征： 多年生草本。根状茎粗壮，扁圆形，有环纹。叶绿色，常具白粉，剑形，无中脉，长20~50cm。花茎 0.6~1m，上部有 1~3 侧枝；苞片草质，绿色，边缘膜质，有时稍带红紫色，1~2 花；花鲜艳，径可达 12cm；花多淡紫、蓝紫、黄或白色；外花被裂片椭圆形，中脉有须毛状附属物，内花被裂片倒卵形，先端内曲；雄蕊花药乳白色；花柱分枝扁平，淡蓝、蓝紫或白色，子房纺锤形。蒴果三棱状圆柱形，长4~5cm。花期 4~5 月，果期 6~8 月。

生　境： 栽植于庭院、公园。

用　途： 可供观赏。

翠湖湿地： 常见，见于水边、绿地内。

88	喜盐鸢尾 ┃ 盐生鸢尾	鸢尾科 ┃ 鸢尾属
	Iris halophila	Iridaceae ┃ *Iris*

鸢尾科 Iridaceae

喜盐鸢尾 *Iris halophila*

形态特征：多年生草本。根状茎粗壮，紫褐色。叶剑形，灰绿色，无明显中脉，长 20~60cm。花茎粗壮，高 20~40cm，上部有 1~4 侧枝；苞片 3，草质，绿色，边缘膜质，白色，2 花；花黄色，直径 5~6cm；外花被裂片提琴形，爪部披针形，舷部椭圆形，内花被裂片倒披针形；雄蕊长约 3cm，花药黄色；花柱分枝扁平，子房窄纺锤形。蒴果椭圆状柱形，绿褐色或紫褐色，有 6 条翅状棱，2 棱成对靠近，有长喙。花期 5~6 月，果期 7~8 月。

生　　境：草甸草原、山坡荒地、砾质坡地、潮湿的盐碱地。

用　　途：可入药，可供观赏。

翠湖湿地：不常见，见于水边。

89	马蔺 | 马莲	鸢尾科 | 鸢尾属
	Iris lactea	Iridaceae | *Iris*

鸢尾科 Iridaceae

马蔺 *Iris lactea*

形态特征： 多年生草本。根状茎粗壮，木质，斜伸，包有红紫色老叶残留纤维，斜伸。叶多数，基生，灰绿色，质坚韧，线形，无明显中脉，长约50cm，宽4~6cm。花茎高3~10cm；苞片3~5，草质，绿色，边缘膜质，白色，包2~4花；花蓝紫或乳白色，径5~6cm；花被筒短，长约3mm，外轮花被裂片有条纹；雄蕊长2.5~3.2cm，花药黄色；子房纺锤形，长4~4.5cm。蒴果长椭圆状柱形，长4~6cm，有短喙，有6肋。花期5~6月，果期7~8月。

生　境： 河边沙地、山坡灌草丛。

用　途： 叶可作饲料、造纸及编织用，根可制刷子，花和种子可入药。

翠湖湿地： 常见，见于路旁、绿地内。

90	鸢尾 | 紫蝴蝶	鸢尾科 | 鸢尾属
	Iris tectorum	Iridaceae | *Iris*

形态特征： 多年生草本。根状茎粗壮，二歧分枝。叶基生，黄绿色，宽剑形，无明显中脉，长 15~50cm，宽 1.5~3.5cm。花茎高 20~40cm，顶部常有 1~2 侧枝；苞片 2~3，绿色，披针形，包 1~2 花；花蓝紫色，径约 10cm；花被筒细长，上端喇叭形；外花被裂片圆形，有紫褐色花斑，中脉有白色鸡冠状附属物，内花被裂片椭圆形，爪部细；雄蕊长约 2.5cm，花药鲜黄色；花柱淡蓝色，子房纺锤状柱形。蒴果长椭圆形，有 6 条明显肋。花期 4~6 月，果期 5~7 月。

生　境： 向阳坡地、林缘、水边湿地。

用　途： 根茎可入药，可供观赏。

翠湖湿地： 常见，见于路旁、绿地内。

91 黄花菜 ǀ 金针菜
Hemerocallis citrina

阿福花科 ǀ 萱草属
Asphodelaceae ǀ *Hemerocallis*

形态特征: 多年生草本。根近肉质,中下部常有纺锤状膨大。叶条形,长 0.5~1.3m,宽 0.6~2.5cm。花葶长短不一,一般稍长于叶,基部三棱形,上部多少圆柱形,有分枝;苞片披针形,下面的长 3~10cm,自下向上渐短,宽 3~6mm;花梗较短,通常长不到 1cm;花多朵,最多可达 100 朵以上;花被淡黄色,有时在花蕾顶端带黑紫色;花被管长 3~5cm,花被裂片长 6~12cm,内三片宽 2~3cm。蒴果钝三棱状椭圆形。种子 20 多个,黑色,有棱。花果期 5~9 月。

生 境: 山坡、山谷、荒地、林缘。

用 途: 花可食用,根可酿酒,叶可造纸和编织草垫。

翠湖湿地: 较常见,见于绿地内。

92 萱草 | 忘忧草

Hemerocallis fulva

阿福花科 | 萱草属

Asphodelaceae | *Hemerocallis*

形态特征： 多年生草本。根近肉质，中下部呈纺锤状。叶基生成丛，条形，长 40~80cm，宽 1.3~3.5cm。圆锥状聚伞花序顶生，具 6~12 朵花或更多，苞片卵状披针形；花莛粗壮，高 0.6~1m；花被管较粗短，长 2~3cm；花瓣 6 枚，分为内外 2 层，各 3 片，开展，向外反卷，内花被裂片宽 2~3cm，下部一般有突状彩斑；雄蕊和花柱均外伸，花柱细长；花冠漏斗状或钟状，橘红色至橘黄色。蒴果长圆形。花果期 5~7 月。

生　境： 种植于庭院、公园。

用　途： 根可入药。

翠湖湿地： 常见，见于绿地内。

93 大花萱草

Hemerocallis hybrida

阿福花科 | 萱草属

Asphodelaceae | *Hemerocallis*

形态特征： 多年生草本。具短根状茎和粗壮的纺锤形肉质根。叶基生带状，狭长，排成两列。圆锥状聚伞花序顶生，花茎由叶丛中抽出，与叶近等长或高于叶片，顶端聚生6~16朵花；花冠漏斗状或钟状，裂片外弯，有黄色、紫红色、白色等，或多种颜色混合；花大，花筒长4~10cm，直径6~14cm；花瓣6枚，分为内外2层，花被基部合生呈筒状；6枚雄蕊长短不一；柱头表面呈乳突状，成熟时分泌黏液。蒴果椭圆形，嫩绿色。花果期6~8月。

生　境： 林下、湿地、草地。

用　途： 花可入药。

翠湖湿地： 常见，见于绿地内。

94	薤白 ❘ 小根蒜	石蒜科 ❘ 葱属
	Allium macrostemon	Amaryllidaceae ❘ *Allium*

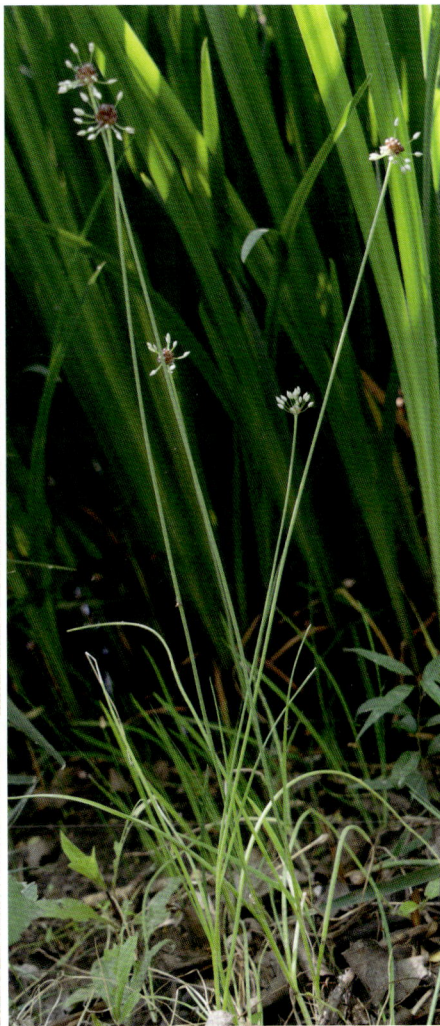

石蒜科 Amaryllidaceae

薤白 *Allium macrostemon*

形态特征： 多年生草本。鳞茎单生，近球形，基部常具小鳞茎，外皮灰黑色，纸质或膜质，不裂。叶 3~5 枚，半圆柱形，中空，短于花葶。花葶高大，圆柱状；伞形花序半球形至球形，花多而密集，间具或全为暗紫色珠芽；花淡紫或淡红色；花被片矩圆状卵形，内轮常较窄；雄蕊 6，花丝比花被片稍长，基部合生并与花被片贴生；子房近球形，腹缝基部具有帘的凹陷蜜穴，花柱伸出花被。朔果，近球形。花期 5~7 月，果期 6~8 月。

生　境： 村边、路旁、山坡灌草丛。

用　途： 鳞茎可入药。

翠湖湿地： 不常见，见于草丛中。

95 野韭 | 山韭

Allium ramosum

石蒜科 | 葱属

Amaryllidaceae | *Allium*

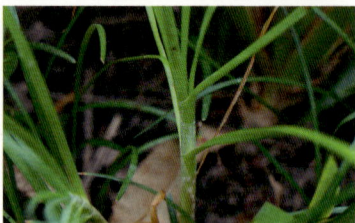

形态特征： 多年生草本。植株有韭味。鳞茎单生或数枚聚生，近圆锥状，外皮黄褐色，破裂呈纤维状。叶三棱状线形，长 10~30cm，中空，背面具纵棱，基部近半圆柱状，上部扁平。伞形花序，半球形至球状，花多而密集；花淡紫色，花被片 6，分两轮，背面具红色中脉，内轮矩圆状倒卵形，外轮常等长但较窄；雄蕊 6，花丝比花被略长；子房倒圆锥状球形，具 3 圆棱，外壁具细的疣状突起。蒴果三棱状，近球形。花期 7~9 月，果期 8~10 月。

生　境： 向阳山坡或山脊灌草丛。

用　途： 鳞茎可入药，全株可食。

翠湖湿地： 不常见，见于草丛中。

96	绵枣儿	天门冬科 | 绵枣儿属
	Barnardia japonica	Asparagaceae | *Barnardia*

形态特征： 多年生草本。鳞茎卵圆形，外皮黑褐色。基生叶通常 2~5 枚，狭条形，柔软。花葶通常比叶长；总状花序顶生，花紫红色或白色；花梗顶端具关节，基部有窄披针形膜质苞片；花被片 6，长圆形，先端钝厚；雄蕊 6，着生于花被片基部，稍短于花被片，花丝近披针形，花部常扩大，扩大部分边缘具细的乳头状突起；子房卵球形，花柱长约为子房的 1/2 至 2/3。蒴果三棱形；种子长圆状窄倒卵形，黑色。花期 7~9 月，果期 9~10 月。

生　　境： 路旁、山坡、林下、灌草丛。

用　　途： 鳞茎浸煮后味甜可食。

翠湖湿地： 极少见，见于景石上的泥土中。

97 玉簪

Hosta plantaginea

天门冬科 | 玉簪属

Asparagaceae | *Hosta*

形态特征： 多年生草本。根状茎粗厚。叶大，基生，卵状心形、卵形或卵圆形，长14~24cm，宽8~16cm，先端近渐尖，基部心形，叶缘波状，侧脉6~10对；叶柄长20~40cm。总状花序；花葶高40~80cm，具几花至10余花，外苞片卵形或披针形，内苞片很小；花单生或2~3簇生，长10~13cm，白色，芳香；花被漏斗状，上部具6裂，开展；雄蕊与花被等长或略短，基部1.5~2cm贴生花被管上。蒴果圆柱形，有3棱。种子边缘具翅。花期6~8月，果期8~10月。

生　境： 林下、草坡或岩石边。

用　途： 全草可入药，可供观赏。

翠湖湿地： 常见，见于路旁、林下、绿地内。

98	山麦冬 | 土麦冬	天门冬科 | 山麦冬属
	Liriope spicata	Asparagaceae | *Liriope*

形态特征： 多年生草本。根状茎短，木质，具地下走茎。叶长 25~60cm，宽 4~8mm，基部常具褐色叶鞘，上面粉绿色，具 5 条脉，中脉较明显，具细锯齿。花葶长 25~65cm；总状花序，多花，花常簇生苞片腋内，苞片小，披针形，干膜质；花梗长约 4mm，关节生于中部以上或近顶端；花被片长圆形、长圆状披针形，长 4~5mm，先端钝圆，淡紫或淡蓝色；花丝长约 2mm，花药窄长圆形；子房近球形，花柱稍弯。花期 5~7 月，果期 8~10 月。

生　　境： 路旁、山坡、林下或湿地。

用　　途： 可供观赏。

翠湖湿地： 常见，见于林下、绿地内。

99 饭包草 | 圆叶鸭跖草

Commelina benghalensis

鸭跖草科 | 鸭跖草属

Commelinaceae | *Commelina*

形态特征：多年生草本。茎大部分匍匐，节生根，上部及分枝上部上升，长达70cm，被疏柔毛。叶有柄；叶片卵形，长3~7cm，宽1.5~3.5cm，近无毛；叶鞘口沿有疏而长的睫毛；总苞片佛焰苞状，柄极短。聚伞花序有花数朵，几不伸出；萼片膜质，披针形，长2mm，无毛；花瓣蓝色，圆形，长3~5mm；内面2枚具长爪。蒴果椭圆状，长4~6mm，3室，腹面2室每室2种子，2月裂，后面一室1种子，或无种子，不裂。花期6~8月，果期7~9月。

生　境：村旁、水边、草丛。

用　途：全草可入药。

翠湖湿地：常见，见于林下、林缘。

100	鸭跖草 | 鸭趾草	鸭跖草科 | 鸭跖草属
	Commelina communis	Commelinaceae | *Commelina*

鸭跖草科 Commelinaceae

鸭跖草 *Commelina communis*

形态特征： 一年生草本。茎匍匐生根，多分枝，长达 1m，下部无毛，上部被短毛。叶披针形至卵状披针形，长 3~8cm，宽 1.5~2cm；总苞片佛焰苞状，有 1.5~4cm 长的柄，与叶对生，折叠状，镰刀状弯曲，展开后为心形，顶端短急尖，基部心形，边缘常有硬毛。聚伞花序有花数朵；萼片膜质，长约 5mm；花瓣深蓝色，内面 2 枚有长爪，长近 1cm，外面 1 枚很小。雄蕊 6 枚，3 长 3 短。蒴果椭圆形，长 5~7mm，2 室。花期 6~9 月，果期 7~10 月。

生　境： 村旁、水边、草丛。

用　途： 可入药。

翠湖湿地： 常见，见于林下、林缘。

101 扁茎灯芯草 | 细灯芯草

Juncus gracillimus

灯芯草科 | 灯芯草属

Juncaceae | *Juncus*

形态特征： 多年生草本。根状茎粗壮横走。茎丛生，圆柱形或稍扁。叶基生和茎生，叶片线形，长 3~15cm。复聚伞花序顶生；总苞片叶状，线形，长于花序；花序分枝纤细，顶端一至二回或多回分枝；花单生；小苞片 2，宽卵形，膜质；花被片 6 披针形，先端钝圆，外轮稍长于内轮，背部淡绿色，顶端和边缘褐色；雄蕊 6。蒴果卵球形，超出花被，有 3 隔膜，褐色，光亮。种子斜卵形，具纵纹，褐色。花期 6~8 月，果期 7~9 月。

生　境： 河岸、塘边、田埂上、沼泽湿地。

用　途： 可制作成牧草饲料。

翠湖湿地： 较常见，见于水边、湿地。

102	青绿薹草 | 青菅	莎草科 | 薹草属
	Carex breviculmis	Cyperaceae | *Carex*

形态特征： 多年生草本。秆丛生，纤细，三棱形，基部叶鞘淡褐色，纤维状。叶短于秆，宽2～3mm，边缘粗糙，质硬。小穗2~5个，直立，顶生小穗雄性，侧生小穗雌性，长圆状卵形；雌花鳞片倒卵形，先端平截或圆，背面中部绿色，两侧苍白色，3脉，有长芒。果囊倒卵形，具短柔毛，膜质，淡绿色，多脉，上部密被短柔毛，具短柄，喙圆，喙口微凹。小坚果紧包于果囊中，卵形，栗色，顶端呈环盘。花期4~5月，果期5~6月。

生　境： 路旁、田边、山坡灌草丛。

用　途： 植株可作饲料。

翠湖湿地： 较常见，见于林下。

| 103 | 异型莎草
Cyperus difformis | 莎草科 \| 莎草属
Cyperaceae \| *Cyperus* |

形态特征： 一年生草本。植株直立。秆丛生，扁三棱状，平滑，下部叶较多。叶短于秆，阔线形或线形，先端渐尖，长约20cm；叶鞘稍长，褐色，叶状苞片2~3枚。长侧枝聚伞花序简单或复出，具3~9个辐射枝；小穗极多，披针形或线形，聚集成密集的头状花序，具8~28朵花；小穗轴无翅；鳞片排列稍松，边缘膜质，背面淡黄色，两侧红棕色；雄蕊1~2；花柱极短，柱头3。小坚果倒卵状椭圆形，三棱状，淡黄色。花期9~10月，果期10~11月。

生　境：水边潮湿处、河滩。
用　途：全草可入药。
翠湖湿地：较常见，见于水边、湿地。

104	褐穗莎草 ┃ 北莎草	莎草科 ┃ 莎草属
	Cyperus fuscus	Cyperaceae ┃ *Cyperus*

形态特征： 一年生草本，具须根；秆丛生，高6~30cm，扁锐三棱形，平滑，基部具少数叶；叶短于秆或与秆等长，平展或折合，边缘不粗糙，叶状苞片2~3枚，长于花序；长侧枝聚伞花序简单或复出，小穗在辐射枝上排成疏松的头状花序；小穗轴无翅；鳞片覆瓦状排列，膜质，宽卵形，顶端钝，背面黄绿色，两侧深紫褐色或褐色，3脉不明显；雄蕊2，花药椭圆形；花柱短，柱头3；小坚果椭圆形，三棱状，淡黄色。花期9~10月，果期10~11月。

生　境： 水边、河滩。

用　途： 可入药。

翠湖湿地： 较常见，见于水边、湿地。

105	头状穗莎草 | 球穗莎草	莎草科 | 莎草属
	Cyperus glomeratus	Cyperaceae | *Cyperus*

莎草科 Cyperaceae

头状穗莎草 Cyperus glomeratus

形态特征： 多年生高大草本。秆散生，钝三棱形；基部稍膨大，具少数叶。叶短于秆，宽4~8mm，边缘不粗糙；叶鞘长，红棕色；叶状苞片 3~4 枚，长于花序，边缘粗糙。长侧枝聚伞花序复出，具 3~8 个辐射枝；小穗极多，条形，稍扁，具 8~16 朵花，排列紧密，聚呈头状的穗状花序；小穗轴具白色透明翅；鳞片排列疏松，膜质，红棕色，边缘稍内卷；雄蕊 3；花柱长，柱头 3。小坚果长圆形，三棱状，灰色，具网纹。花期 9~10 月，果期 10~11 月。

生　境： 水边、河滩。

用　途： 可入药，嫩茎叶可做饲料，茎秆可造纸。

翠湖湿地： 较常见，见于水边、湿地、草地。

| 106 | 具芒碎米莎草 | 黄颖莎草 | 莎草科 | 莎草属 |
| | *Cyperus microiria* | Cyperaceae | *Cyperus* |

莎草科 Cyperaceae

具芒碎米莎草 *Cyperus microiria*

形态特征： 一年生草本。秆丛生，扁三棱形。叶基生，宽 2.5~5mm，短于秆；叶鞘较短，红棕色；叶状苞片 3~4 枚，长于花序。长侧枝聚伞花序复出，具 5~7 个辐射枝；小穗在枝端排列呈较疏松的总状花序，直立，压扁，有 6~22 朵花；小穗轴直，具白色透明狭边；鳞片膜质，黄色，顶端有突出的极短芒尖，背面具绿色突起，两侧为麦秆黄色；雄蕊 3，花柱极短，柱头 3。小坚果倒卵形，三棱状，深褐色，密被微突起细点。花期 7~10 月，果期 9~11 月。

生　境： 路旁、水边、荒地、草丛。

用　途： 可入药。

翠湖湿地： 常见，见于水边、草地、荒地。

107 白鳞莎草
Cyperus nipponicus

莎草科 | 莎草属
Cyperaceae | *Cyperus*

形态特征: 一年生草本。秆密丛生,扁三棱形,平滑,基部具少数叶。叶通常短于秆或与秆等长;叶鞘短,膜质,淡红棕或紫褐色;叶状苞片3~5枚,长于花序。长侧枝聚伞花序缩短呈头状,具多数密生小穗;小穗披针形,无柄,压扁,具8~30朵花;小穗轴具白色透明翅;鳞片覆瓦状排成两列,膜质,背面绿色,两侧透明白色,有时具疏的锈色短条纹,多脉;雄蕊2,花柱长,柱头2。小坚果椭圆形,黄棕色。花期8~10月,果期10~11月。

生　境: 水边、草丛。

用　途: 可入药。

翠湖湿地:不常见,见于水边、草丛中。

108	光稃茅香 | 光稃香草	禾本科 | 黄花茅属
	Anthoxanthum glabrum	Poaceae | *Anthoxanthum*

形态特征： 多年生草本。植株具香气。具细长根状茎，秆直立，具 2~3 节。叶片披针形，质较厚，上面被微毛，秆生者较短，长 2~5cm，宽约 5~7mm，基生者较长而狭窄；叶鞘密生微毛，长于节间；叶舌透明膜质。圆锥花序开展，卵状锥形，长约 5cm；小穗卵圆形，黄褐色，有光泽，含 3 小花，下方 2 枚为雄性，顶生 1 枚为两性；颖膜质，具 1~3 脉，等长或第一颖稍短；成熟时小穗肿胀。颖果矩圆形。花期 4~6 月，果期 5~7 月。

生　境： 水边、山坡林缘、草丛。

用　途： 可作饲料。

翠湖湿地： 常见，见于水边、湿地。

109 荩草 | 绿竹

Arthraxon hispidus

禾本科 | 荩草属

Poaceae | *Arthraxon*

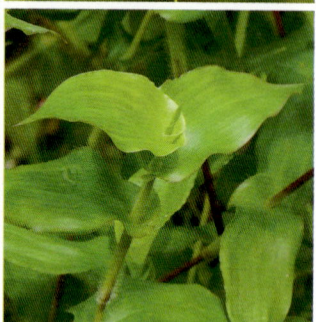

形态特征： 一年生草本。秆细弱无毛，基部倾斜，具多节，常分枝，基部节着地易生根。叶片卵状披针形，两面具毛，顶端变狭，基部心形抱茎，长 2~3cm，宽 7~10mm；叶鞘短于或等长于节间；叶舌膜质，边缘具纤毛。总状花序 2~10 枚呈指状排列，小穗成对着生于各节，有柄小穗退化仅存一针状柄，具毛；无柄小穗卵状披针形，呈两侧压扁，灰绿色或带紫色，具芒，膝曲，下部扭转。颖果长圆形。花期 7~9 月，果期 8~10 月。

生　境： 水边、河边、沟谷。

用　途： 可作牧草，茎叶可入药，汁液可作黄色染料。

翠湖湿地： 常见，见于林下、草地。

110	**野古草** | 毛秆野古草	禾本科 | 野古草属
	Arundinella hirta	Poaceae | *Arundinella*

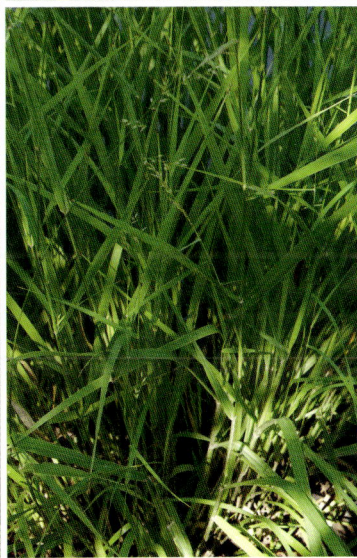

形态特征： 多年生草本。根茎较粗壮，秆直立，疏丛生，质稍硬，具脱落性白色疣毛及长柔毛，后变无毛，节黄褐色，密被短柔毛。叶鞘被疣毛，边缘具纤毛；叶舌上缘截平，具长纤毛；叶片长条形长 12~35cm，宽 5~15mm，先端长渐尖，两面被疣毛。圆锥花序长 10~40cm，花序柄、主轴及分枝均被疣毛；小穗成对着生，一具长柄，一具短柄；小穗含 2 小花，一为雄性，一为两性；外稃 3~5 脉，具短芒尖。花期 7~9 月，果期 9~10 月。

生　境： 山坡、山脊灌丛、沟谷。

用　途： 幼嫩植株可作饲料，也可作造纸原料。

翠湖湿地： 常见，见于林缘、草地。

111 芦竹
Arundo donax

禾本科 | 芦竹属

Poaceae | *Arundo*

形态特征： 多年生草本。具发达根状茎，秆粗大直立，坚韧，具多数节，常生分枝。叶鞘长于节间，无毛或颈部具长柔毛；叶舌截平，长约 1.5mm，先端具短纤毛；叶片扁平，长 30~50cm，上面与边缘微粗糙，基部白色，抱茎。圆锥花序极大型，长 30~90cm，分枝稠密，斜升；小穗长 1~1.2cm，具 2~4 小花，小穗轴节长约 1mm；外稃中脉延伸成 1~2mm 之短芒，背面中部以下密生长柔毛，两侧上部均具短柔毛。颖果细小黑色。花果期 8~10 月。

生　境： 河岸道旁、公园。

用　途： 茎可作纸浆和人造丝的原料，幼嫩叶可作饲料。

翠湖湿地：较常见，见于水边。

形态特征： 多年生草本。秆直立，秆基部极压扁，光滑无毛。叶鞘松散包秆，无毛，最上叶鞘常包有花序，肿胀呈棒槌状；叶片条状披针形，长 3~25cm，宽 3~6mm，两面无毛或边缘及上面粗糙。穗状花序 4~10 枚指状生于秆顶，并向中间靠拢，长 1.5~5cm；小穗排列于穗轴的一侧，呈紧密覆瓦状，含 2 小花，幼时淡绿色，成熟后常带紫色，无柄；外稃顶端以下生芒。颖果淡黄色，纺锤形，无毛且半透明。花期 6~9 月，果期 7~10 月。

生　境： 田边、荒地、山坡路旁、草丛。

用　途： 可作牲畜食用的牧草。

翠湖湿地： 常见，见于草地、荒地。

113 野青茅 | 长序野青茅

Deyeuxia pyramidalis

禾本科 | 野青茅属

Poaceae | *Deyeuxia*

形态特征： 多年生草本。秆直立，其节膝曲，丛生，基部具被鳞片的芽，平滑。叶鞘疏松裹茎，除上部外长于节间；叶舌膜质，顶端常撕裂；叶片扁平或边缘内卷，长5~25cm，宽2~7mm，无毛，两面粗糙，带灰白色。圆锥花序开展，长6~10cm，宽1~5cm；小穗含1小花；颖片披针形，先端锐尖，两颖近等长；外稃具芒，自基部生出，基盘两侧有柔毛，长达外稃的1/4~1/3；鲜嫩时二颖靠合，干后开展，并露出基盘柔毛。花期8~9月，果期9~10月。

生　境： 山坡、沟谷、水边。

用　途： 植株可作饲料。

翠湖湿地： 常见，见于林缘、草地。

114 升马唐 | 纤毛马唐

Digitaria ciliaris

禾本科 | 马唐属

Poaceae | *Digitaria*

禾本科 Poaceae

升马唐 *Digitaria ciliaris*

形态特征： 一年生草本。秆基部横卧地面，节处生根和分枝。叶鞘常短于其节间，多少具柔毛；叶舌长约2mm；叶片线形或披针形，长5~20cm，宽3~10mm，上面散生柔毛，边缘稍厚，微粗糙。总状花序5~8枚，长5~12cm，呈指状排列于茎顶；穗轴宽约1mm，边缘粗糙；小穗披针形，孪生于穗轴一侧；小穗柄微粗糙，顶端截平；第一颖小，三角形；第二颖披针形，长约为小穗的2/3，具3脉，脉间及边缘生柔毛。花期6~10月，果期7~11月。

生　境： 田边、路旁、荒坡。

用　途： 可作牧草。

翠湖湿地： 常见，见于草地、荒地。

115 毛马唐

Digitaria ciliaris var. *chrysoblephara*

禾本科 | 马唐属

Poaceae | *Digitaria*

形态特征： 一年生草本。秆基部倾卧，着土后节易生根，具分枝。叶鞘多短于其节间，常具柔毛；叶舌膜质；叶片线状披针形，长 5~20cm，宽 3~10mm，两面多少生柔毛，边缘微粗糙。总状花序 4~10 枚，长 5~12cm，呈指状排列于秆顶；穗轴宽约 1mm，中肋白色，约占其宽的 1/3，两侧绿色

翼缘具细刺状粗糙；小穗披针形，孪生于穗轴一侧；小穗柄三棱形，粗糙；外稃脉间具柔毛和疣基刚毛，成熟后平展张开。花期 6~10 月，果期 7~11 月。

生　境： 田边、路旁、草丛。

用　途： 可作牧草。

翠湖湿地： 常见，见于草地、荒地。

116	西来稗	禾本科丨稗属
	Echinochloa crus-galli var. *zelayensis*	Poaceae丨*Echinochloa*

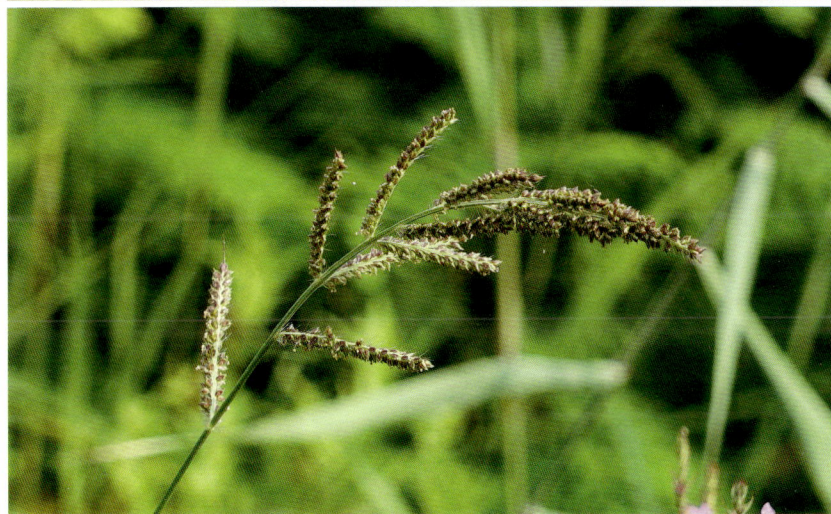

禾本科 Poaceae

西来稗 *Echinochloa crus-galli* var. *zelayensis*

形态特征： 一年生草本。秆直立或基部倾斜，光滑无毛，通常丛生。叶片长条形，绿色，无叶舌，长 5~20mm，宽 4~12mm；叶鞘疏松裹茎，光滑无毛。顶生圆锥花序直立，长 11~19cm，近塔尖形，分枝近似指状排列，不再有次级小分枝；穗轴具棱，粗糙或具疣基长刺毛；小穗绿色卵状椭圆形，长 3~4mm，密集生于穗轴一侧，顶端具小尖头而无芒，脉上无疣基毛，但疏生硬刺毛。颖果白色或棕色椭圆形，坚硬。花期 6~10 月，果期 8~11 月。

生　境： 田边、路旁、水边。

用　途： 可作饲草和绿肥。

翠湖湿地： 常见，见于草地、荒地。

117	牛筋草 ｜ 蟋蟀草	禾本科 ｜ 穇属
	Eleusine indica	Poaceae ｜ *Eleusine*

形态特征： 一年生草本。秆通常斜生，基部显著压扁。叶片平展条形，长 10~15cm，宽 3~7mm；叶鞘两侧压扁而具脊，松弛，无毛或疏生疣毛。穗状花序 2~7 枚指状排列顶生，长 3~10cm，宽 3~5mm；小穗密集于花序轴的一侧呈两行排列，白绿色，含 3~6 小花；颖披针形，具脊，脊粗糙；第一颖具 1 脉，第二颖与外稃均有 3 脉；外稃先端尖，具脊，脊上有窄翅，无芒。囊果卵形，基部下凹，具明显的波状皱纹。花期 6~10 月，果期 7~11 月。

生　境： 田边、荒地、路旁、草丛。
用　途： 全草可入药，可作饲料。
翠湖湿地：常见，见于草地、荒地。

118 纤毛鹅观草 | 纤毛披碱草

Elymus ciliaris

禾本科 | 披碱草属

Poaceae | *Elymus*

形态特征： 多年生草本。秆基部节常膝曲，平滑无毛，常被白粉。叶鞘无毛，稀可基部叶鞘于接近边缘处具有柔毛；叶片扁平，长10~20cm，宽3~10mm，两面均无毛，边缘粗糙。穗状花序近直立，长10~20cm；小穗通常绿色，长1.5~2.2cm（除芒外），含（6）7~12小花；颖椭圆状披针形，先端常具短尖头，两侧或1侧常具齿，具5~7脉；颖与外稃边缘具长而硬的纤毛；外稃芒初时直伸，干后反曲；内稃比外稃短。花期4~6月，果期5~7月。

生　境： 田边、路旁、草丛、水边。

用　途： 可作饲料。

翠湖湿地： 常见，见于草地、荒地。

119 秋画眉草
Eragrostis autumnalis

禾本科 | 画眉草属
Poaceae | *Eragrostis*

形态特征： 一年生草本。秆单生或丛生，基部膝曲，具 3~4 节，在基部二、三节处常有分枝。叶鞘压扁，无毛，鞘口有长柔毛，成熟后常脱落；叶舌为一圈纤毛；叶片多内卷或对折，长 6~12cm，宽 2~3mm，上部叶有时超出花序长度。圆锥花序开展或紧缩，长 6~15cm，宽 3~5cm，分枝常簇生、轮生或单生，分枝腋间通常无毛；小穗柄紧贴小枝；小穗有 3~10 小花，灰绿色；颖披针形，具 1 脉；内稃具 2 脊，脊上有纤毛。花果期 8~10 月。

生　境： 田边、路旁、草丛。

用　途： 可作饲料。

翠湖湿地： 常见，见于草地、路旁。

120 牛鞭草

Hemarthria sibirica

禾本科 | 牛鞭草属

Poaceae | Hemarthria

形态特征： 多年生草本。有横走根茎。叶鞘无毛，通常短于节间；叶舌为一圈短小纤毛；叶片条形，长 20cm，宽 4~6mm，先端细长渐尖。总状花序长 10cm，先端尖，粗壮而多少弯曲，通常单生于茎顶，少数为腋生；小穗成对贴生于花序轴凹穴中，使花序呈柱状；穗轴节间约和无柄小穗等长，小穗轴和小穗柄愈合而呈穴状；第一外稃为透明膜质；第二外稃也为透明膜质，无芒，具一很小的内稃；有柄小穗长渐尖。花果期 7~8 月。

生　　境：水边、河滩。

用　　途：可作饲料。

翠湖湿地： 常见，见于草地、路旁。

121 白茅 | 茅根
Imperata cylindrica

禾本科 | 白茅属
Poaceae | *Imperata*

形态特征： 多年生草本。具有粗壮的长根状茎，秆直立，具1~3节，节无毛。叶片条形，分蘖叶片长约20cm，宽约8mm，扁平，质地较薄，秆生叶片通常内卷，顶端渐尖呈刺状，质硬，被有白粉，基部上面具柔毛；叶鞘聚集于秆基，伸长于其节间，质地较厚；叶舌膜质，钝尖。圆锥花序紧缩，先于叶生出，有白色丝状柔毛；小穗披针形，成对着生于花序分枝各节，基盘具丝状柔毛；雄蕊花药黄色。颖果椭圆形。花期4~6月，果期6~7月。

生　境： 河滩沙地、草丛中、山坡路旁。

用　途： 根状茎可入药，茎秆可造纸、编织。

翠湖湿地： 常见，见于草地、荒地。

122 臭草
Melica scabrosa

禾本科 | 臭草属

Poaceae | *Melica*

禾本科 Poaceae

臭草 *Melica scabrosa*

形态特征： 多年生草本。有横走根茎。叶鞘无毛，通常短于节间；叶舌为一圈短小纤毛；叶片条形，长 20cm，宽 4~6mm，先端细长渐尖。总状花序长 10cm，先端尖，粗壮且多少弯曲，通常单生于茎顶，少数为腋生；小穗成对贴生于花序轴凹穴中，使花序呈柱状；穗轴节间约和无柄小穗等长，小穗轴和小穗柄愈合而呈穴状；第一外稃为透明膜质；第二外稃也为透明膜质，无芒，具一很小的内稃；有柄小穗长渐尖。花果期 7~8 月。

生　境： 水边、河滩。

用　途： 可作饲料。

翠湖湿地： 常见，见于草地、路旁。

| 123 | 荻 *Miscanthus sacchariflorus* | 禾本科 \| 芒属 Poaceae \| *Miscanthus* |

形态特征： 多年生草本。具发达被鳞片的长匍匐根状茎，秆直立，具 10 多节，节处生柔毛。叶片扁平，长条形，长 20~50cm，宽 5~18mm，边缘锯齿状粗糙；叶鞘无毛，长于或上部稍短于其节间；叶舌短，具纤毛。圆锥花序顶生，长 10~20cm，由多数指状排列的总状花序组成，分枝腋间生柔毛；小穗成对着生于总状花序各节，一柄长，一柄短，均结实且同形；小穗含 2 小花，基盘具长为小穗 2 倍的丝状柔毛。颖果矩圆形。花期 8~10 月，果期 10~11 月。

生　境： 田边、路旁、沟谷水边。

用　途： 根茎可入药，可防沙护坡。

翠湖湿地： 常见，见于草地、路旁。

124 芒

Miscanthus sinensis

禾本科｜芒属

Poaceae｜*Miscanthus*

形态特征： 多年生草本。秆无毛或在花序以下疏生柔毛。叶片条形，长 20~50cm，宽 5~18mm，边缘锯齿状粗糙；叶鞘无毛，长于其节间；叶舌膜质，钝圆。圆锥花序顶生，长 15~40cm，由多数指状排列的总状花序组成；小穗柄无毛，顶端膨大；小穗披针形，成对着生，黄色有光泽，基盘具等长于小穗的白色或淡黄色的丝状毛；第二外稃先端 2 裂，裂片间具 1 芒，棕色，芒柱稍扭曲。颖果长圆形，暗紫色。花期 7~10 月，果期 9~11 月。

生　境： 山坡路旁、沟谷水边。

用　途： 秆可作造纸原料，幼茎可入药。

翠湖湿地： 常见，见于草地、路旁。

一花一叶——翠湖国家城市湿地公园·植物图谱

禾本科 Poaceae

芒 *Miscanthus sinensis*

131

125	斑叶芒	禾本科｜芒属
	Miscanthus sinensis 'Zebrinus'	Poaceae ｜ *Miscanthus*

形态特征： 多年生草本。茎丛生。叶片长条形，长 20~40cm，宽 6~10mm，具金色斑纹横截叶片，叶下疏生柔毛并被白粉；叶鞘长于节间，鞘口有长柔毛。圆锥花序顶生扇形，长15~40cm，由多数指状排列的总状花序组成；小穗呈披针形，成对着生，花黄色，含1朵两性花和1朵不育花，具膝曲状芒，基盘有白至淡黄褐色丝状毛，秋季形成白色大花序；花穗初期红色，后期变淡。颖果长圆形。花期 7~10月，果期 9~11 月。

生　境： 公园、庭院。

用　途： 可供观赏。

翠湖湿地： 较常见，见于林缘、路旁。

126	求米草	禾本科｜求米草属
	Oplismenus undulatifolius	Poaceae｜*Oplismenus*

形态特征：一年生草本。秆纤细，基部平卧地面，节处生根。叶片披针形至卵状披针形，长 2~8cm，宽 5~18mm，叶面具横脉，皱而不平，先端尖，基部近圆形而稍不对称；叶鞘短于或上部长于节间，密被疣基毛。圆锥花序顶生，长 2~10cm，主轴密被疣基长刺柔毛；分枝短缩；小穗卵圆形，在顶部成对着生，被硬刺毛；颖草质，第一颖长为小穗之半，顶端具硬直芒；第二颖和第一小花外稃具短芒。颖果椭圆形。花期 8~9 月，果期 9~10 月。

生　境：沟谷、林下、草丛。

用　途：可作饲料。

翠湖湿地：常见，见于林下、草地。

127	狼尾草	禾本科｜狼尾草属
	Pennisetum alopecuroides	Poaceae ｜ *Pennisetum*

形态特征： 多年生草本。秆直立，丛生。叶片长条形，长 15~50cm，宽 2~10mm，顶端长渐尖，基部生疣毛，通常内卷；叶鞘光滑，两侧压扁，在基部呈跨生状，主脉呈脊，秆上部者长于节间；叶舌具纤毛。圆锥花序直立柱状，长 10~25cm，宽 1.5~3.5cm；主轴密生柔毛，分枝的刚毛开展，常呈紫色；小穗通常单生，偶有双生，线状披针形；雄蕊 3，花药顶端无毫毛，花柱基部联合。颖果扁平，长圆形。花期 7~9月，果期 8~10 月。

生　境： 田边、山坡路旁、公园。

用　途： 嫩茎叶可作饲料，可作编织或造纸的原料。

翠湖湿地： 常见，见于水边、绿地。

128 丝带草

Phalaris arundinacea var. *picta*

禾本科 ｜ 藨草属

Poaceae ｜ *Phalaris*

形态特征： 多年生草本。秆通常单生或少数丛生，有6~8节。叶片绿色而有白色条纹间于其中，柔软而似丝带，长6~30cm，宽1~1.8cm；叶鞘无毛；叶舌薄膜质。圆锥花序紧密狭窄呈圆柱状，长8~15cm，分枝直向上举，密生小穗；小穗含3小花，2为雄性，1为两性；颖包被小花，颖脊粗糙，具狭翅状的翼；可孕花外稃宽披针形，上部有柔毛；内稃舟形，背具1脊；不孕花外稃2枚，退化为线形，具柔毛。颖果长圆形。花期6月，果期7~8月。

生　境： 水边、河滩。

用　途： 可作牧草，秆可用作编织及造纸。

翠湖湿地： 不常见，见于浅滩。

129 芦苇
Phragmites australis

禾本科｜芦苇属
Poaceae｜*Phragmites*

形态特征： 多年生高大草本。具粗壮的葡匐根状茎，节下通常具白粉。叶片披针状条形，叶片长30cm，宽2cm，无毛，中间有横断面；叶鞘圆筒形，下部短于上部，长于节间；叶舌边缘密生一圈长约1mm纤毛，易脱落。圆锥花序顶生，长20~40cm，宽10~15cm，分枝多数，着生稠密下垂的小穗；小穗柄无毛；小穗含4小花，颖具3脉，外稃顶端渐狭呈芒，具3脉，基盘两侧密生与外稃等长的丝状柔毛。颖果长圆形。花期8~10月，果期10~11月。

生 境： 沟谷水边、田边、河滩盐碱地。

用 途： 秆可作造纸或编织材料，茎、嫩叶可作饲料，根状茎可药用。

翠湖湿地： 常见，见于水边、水中陆地。

130	狗尾草 | 莠	禾本科 | 狗尾草属
	Setaria viridis	Poaceae | *Setaria*

形态特征： 一年生草本。秆直立或基部膝曲。叶片条状披针形扁平，长 4~30cm，宽 2~20mm；叶鞘松弛，具柔毛或无毛；叶舌极短。圆锥花序紧缩呈柱状，长 2~15cm，直立或梢弯垂，主轴被较长柔毛，分枝上着生 2 至多个小穗，基部有 1~6 条刚毛状小枝，绿色或带紫色；小穗椭圆形，先端钝，铅绿色；第一颖长约为小穗的 1/3，具 3 脉；第二颖几与小穗等长；第二外稃椭圆形，具细点状皱纹，边缘内卷抱内稃。颖果灰白色。花期 6~10 月，果期 7~11 月。

生　境： 房前屋后、田边、山坡路旁、草丛。

用　途： 秆、叶可作饲料，也可入药。

翠湖湿地： 常见，见于草地、荒地。

131 大油芒
Spodiopogon sibiricus

禾本科 ｜ 大油芒属
Poaceae ｜ *Spodiopogon*

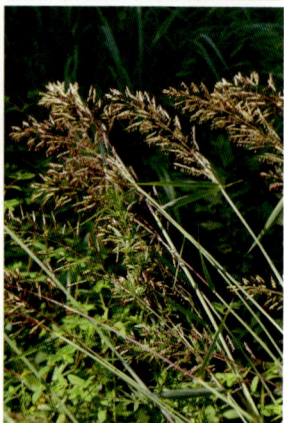

形态特征： 多年生草本。具长根状茎，秆直立，具5~9节。叶片条形，长15~30cm（顶生者较短），宽6~14mm，顶端长渐尖，基部渐狭；叶鞘大多长于其节间；叶舌干膜质，截平。圆锥花序顶生，长10~20cm，由数节总状花序组成，穗轴逐渐断落；小穗宽披针形，成对着生，一有柄，一无柄，均结实且同形，近圆筒形，含2小花，第一小花雄性，第二小花两性，自外稃裂齿间生出，中部膝曲。颖果矩圆状披针形，棕栗色。花期7~9月，果期9~10月。

生　境： 山坡或山脊林缘、林下、灌草丛。

用　途： 可作牧草。

翠湖湿地： 较常见，见于草地。

132 白屈菜 | 山黄连
Chelidonium majus

罂粟科 | 白屈菜属
Papaveraceae | *Chelidonium*

形态特征: 多年生草本。植株含黄色汁液,茎直立,多分枝,具白色细长柔毛。叶互生,长10~15cm,羽状全裂,裂片2~3对,再次不规则深裂,边缘具不整齐缺刻。花数朵生于枝端,近伞状排列,长2~8cm,具苞片;花瓣4,倒卵形,黄色;雄蕊多数,花丝丝状,子房1室,2心皮,无毛,胚珠多数,花柱明显,柱头2裂。蒴果条状圆筒形,近念珠状,长3~3.6cm,无毛,具柄,自基部向顶端2瓣裂,柱头宿存。花期5~8月,果期6~9月。

生　境: 路旁、田边、沟谷。

用　途: 全草可入药,可作农药。

翠湖湿地: 常见,见于林缘、路旁。

133 地丁草 ｜苦丁草
Corydalis bungeana

罂粟科 ｜ 紫堇属
Papaveraceae ｜ *Corydalis*

形态特征： 二年生草本。植株灰绿色。茎基部铺散分枝，具棱。基生叶多数，茎生叶少数，长 4~8cm，叶片二至三回羽状全裂，末回裂片倒卵形。总状花序长 1~6cm，多花，先密集，后疏离，果期伸长；苞片叶状，明显长于花梗；萼片三角形，具齿，常早落；花粉红色至淡紫色，平展；上花瓣长 1.1~ 1.4cm；距长 4~5mm，稍向上斜伸，末端多少囊状膨大；下花瓣稍向前伸出。蒴果矩圆形，下垂，具 2 列种子。花期 3~4 月，果期 4~5 月。

生　境： 田边、草丛。

用　途： 全草可入药。

翠湖湿地： 较常见，见于草地、荒地。

134	禿疮花	罂粟科 ｜ 禿疮花属
	Dicranostigma leptopodum	Papaveraceae ｜ *Dicranostigma*

形态特征： 多年生草本。茎多条，被白粉。基生叶丛生，窄倒披针形，长10~15cm，羽状深裂，裂片4~6对，再次羽裂，裂片具疏齿，先端三角状。花1~5呈聚伞花序顶生；花梗长2~2.5cm，无毛，具苞片；萼片卵形，先端渐尖；花瓣4，倒卵形或圆形，长1~1.6cm，黄色；花丝长3~4mm，花药长1.5~2mm；子房密被疣状短毛，花柱短，柱头2裂。蒴果条形，长4~7.5cm，径约2mm，无毛，顶端至近基部2瓣裂。花期4~5月，果期5~6月。

生　境： 草坡、路旁。

用　途： 根及全草可入药。

翠湖湿地： 常见，见于林下、林缘。

135	欧楼斗菜	毛茛科 | 楼斗菜属
	Aquilegia vulgaris	Ranunculaceae | *Aquilegia*

形态特征： 多年生草本。基生叶具长柄；基生叶及茎下部叶为二回三出复叶，小叶 2~3 裂，裂片边缘具圆齿；最上部茎生叶近无柄，狭 3 裂。聚伞花序，具数朵花；花大，直径 3~5cm，通常蓝色，有时白色或红色，下垂；萼片 5，开展，卵形或狭卵形，先端急尖，长约 2.5cm，长于瓣片；花瓣 5；距长约 2cm，先端向内弯曲呈钩状；

雄蕊多数，不外伸，退化雄蕊先端钝。蓇葖果 5，长约 1.5~2.5cm，直立。花期 5~7 月。

生　境： 栽植于庭院、公园。

用　途： 可供观赏，根可制饴糖或酿酒，种子可榨油供工业用。

翠湖湿地： 较常见，见于林下。

142

| 136 | 大叶铁线莲 \| 草牡丹 | 毛茛科 \| 铁线莲属 |
| | *Clematis heracleifolia* | Ranunculaceae \| *Clematis* |

形态特征： 多年生草本或亚灌木。茎粗壮，有明显的纵条纹。叶对生，三出复叶；中央小叶具长柄，宽卵形，先端急尖，长宽均 6~13cm，不分裂或 3 浅裂，边缘有粗锯齿；侧生小叶近无柄，较小。复聚伞花序腋生或顶生，7 至多花，花径 2~3cm；花萼管状，萼片 4，蓝色，偶有白色，边缘稍增大，上部向外弯曲，外面生白色短柔毛；无花瓣；雄蕊多数，花丝条形；宿存花柱羽毛状。瘦果倒卵形。花期 7~9 月，果期 9~10 月。

生　境： 沟谷、水边、山坡林缘。

用　途： 全草可入药，种子可榨油供制造油漆用。

翠湖湿地： 不常见，见于林缘、路旁。

137 管花铁线莲 | 卷萼铁线莲

Clematis tubulosa

毛茛科 | 铁线莲属

Ranunculaceae | *Clematis*

形态特征: 多年生草本或亚灌木。茎粗壮,有明显的纵条纹。叶对生,三出复叶;中央小叶具长柄,宽卵形,顶端急尖,长宽均6~13cm,不分裂或3浅裂,边缘有粗锯齿。复聚伞花序腋生或顶生,花径2~3cm;花直立;花梗粗短,长0.3~2cm;萼片4,花萼管状,蓝紫色,上部向外弯曲,外面生白色短柔毛,边缘明显增大呈薄片状;无花瓣。瘦果倒卵形;宿存花柱羽毛状。花期7~9月,果期9~10月。

生　境: 沟谷、水边、山坡林缘。

用　途: 全草可入药,种子可榨油供制造油漆用。

翠湖湿地: 不常见,见于林缘、路旁。

138	茴茴蒜	毛茛科 | 毛茛属
	Ranunculus chinensis	Ranunculaceae | *Ranunculus*

形态特征： 一年生草本。茎与叶柄有伸展的淡黄色糙毛。叶互生，三出复叶，长 3~8cm，宽 4~10.5cm；基生叶和下部叶具长柄，中央小叶菱形或宽菱形，3 深裂，裂片狭长，疏生齿，具长柄，侧生小叶斜扇形，不等 2 深裂；茎生叶渐小。花序顶生，3 至数花；萼片 5，反折，淡绿色；花瓣 5，黄色，倒卵形，长 5~6mm；雄蕊多数。聚合果椭球形，长约 1cm；瘦果扁形，长 2~3mm，无毛，具窄边；有宿存花柱。花果期 6~9 月。

生　境： 路旁、水边、河滩。

用　途： 全草可入药。

翠湖湿地： 较常见，见于林下、草地。

一花一叶——翠湖国家城市湿地公园·植物图谱

毛茛科 Ranunculaceae

茴茴蒜 *Ranunculus chinensis*

139 长药八宝 | 八宝景天
Hylotelephium spectabile

景天科 | 八宝属
Crassulaceae | *Hylotelephium*

形态特征： 多年生草本。茎直立，较高大。叶对生，或3叶轮生，卵形、宽卵形或长圆状卵形，长4~10cm，先端钝尖，基部渐窄，有波状牙齿或全缘。花序大形，伞房状，顶生，径7~11cm；花密生，径约1cm；萼片5，线状披针形或宽披针形；花瓣5，淡紫红色或紫红色，披针形或宽披针形，长4~5mm；雄蕊10，长于花瓣，花药紫色；鳞片5，长方形，先端有微缺；心皮5，窄椭圆形。蓇葖果直立。花期8~9月，果期9~10月。

生 境： 公园、庭院。

用 途： 全草可入药。

翠湖湿地： 常见，见于林缘、路旁。

140	费菜 ┃ 土三七、三七景天	景天科 ┃ 费菜属
	Phedimus aizoon	Crassulaceae ┃ *Phedimus*

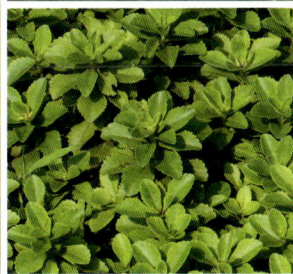

形态特征： 多年生草本。具短粗根状茎，有 1~3 条茎，直立，无毛，不分枝。叶互生，长 5~8cm，宽 1.7~2cm，坚实，近革质，长披针形至倒披针形，边缘有不整齐锯齿，几无柄。聚伞花序顶生，有多花，水平分枝，平展；萼片 5，线形，肉质，不等长；花瓣 5，黄色，长圆形或椭圆状披针形；雄蕊 10，较花瓣短；心皮 5，卵状长圆形，基部合生，腹面突出，花柱长钻形。蓇葖果呈星芒状排列，长 7mm。花期 5~8 月，果期 6~9 月。

生　境： 山坡林缘、草丛、石缝。

用　途： 全草可入药。

翠湖湿地： 常见，见于林缘、路旁。

141 扯根菜 | 水泽兰

Penthorum chinense

扯根菜科 | 扯根菜属

Penthoraceae | *Penthorum*

形态特征： 多年生草本。根状茎分枝，茎不分枝，稀基部分枝，中下部无毛，上部疏生黑褐色腺毛。叶互生，无柄或近无柄，窄披针形或披针形，长4~10cm，宽0.4~1.2cm，先端渐尖，具细重锯齿，无毛。镰状聚伞花序具多花，长1.5~4cm；花序分枝与花梗均被褐色腺毛；苞片小，卵形至狭卵形；萼片5，革质，三角形，无毛，单脉；花瓣5，黄白色；雄蕊10；花柱5或6，较粗；心皮下部合生。蒴果熟时红紫色。花期7~8月，果期9~10月。

生　境： 林下、灌丛草甸及水边。

用　途： 全草可入药，嫩苗可食用。

翠湖湿地：常见，见于水边。

142	**达乌里黄芪** | 兴安黄芪	豆科 | 黄芪属
	Astragalus dahuricus	Fabaceae | *Astragalus*

豆科 Fabaceae

达乌里黄芪 *Astragalus dahuricus*

形态特征： 多年生草本。茎直立，有白色疏长毛，有分枝，有细棱。奇数羽状复叶，小叶11~21，矩圆形或狭矩圆形，长1~2.5cm，先端钝，上面近无毛、下面有白色长柔毛；托叶披针形或线形，与叶柄离生。总状花序腋生，花密集，初为球状，后逐渐伸长；花萼钟状；萼齿线形或刚毛状；花冠紫色，旗瓣近倒卵形，翼瓣长圆形，弯曲，比旗瓣和龙骨瓣短；子房有长柔毛，有柄。荚果圆筒形，略弯曲，先端有硬尖，被疏毛。花期6~8月、果期8~10月。

生　境： 山坡路旁、村边、灌草丛。

用　途： 全株可作饲料。

翠湖湿地： 不常见，见于荒地。

143 糙叶黄芪
Astragalus scaberrimus

豆科 | 黄芪属

Fabaceae | *Astragalus*

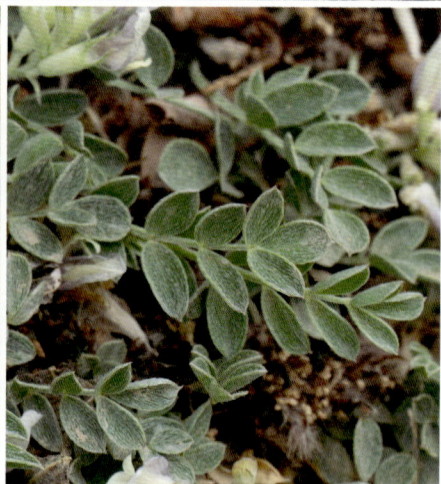

形态特征： 多年生矮小草本。根状茎短缩，多分枝，木质化；地上茎不明显或极短，有时伸长而匍匐，全株密生白色"丁"字形毛。奇数羽状复叶椭圆形，小叶 7~15，长 5~15mm；托叶窄三角形，中下部与叶柄贴生，两面有毛。总状花序腋生，具 3~5 朵花；苞片披针形；花萼管状被细伏贴毛，萼齿线状披针形；花冠白色带淡蓝色，旗瓣倒卵状椭圆形，先端微凹，翼瓣比龙骨瓣长，比旗瓣短。荚果圆柱形微弯，具短喙，革质。花期 3~5 月，果期 4~6 月。

生　境： 山坡林缘、田边、路旁、草丛。

用　途： 可作牧草，水土保持草种。

翠湖湿地： 常见，见于路旁、荒地。

144 米口袋 | 少花米口袋

Gueldenstaedtia verna

豆科 | 米口袋属

Fabaceae | *Gueldenstaedtia*

形态特征： 多年生草本。无地上茎。奇数羽状复叶，小叶 11~21，椭圆形，长 6~22mm，宽 3~8mm，先端钝头或急尖，具细尖，全缘，花后增大。叶、托叶、花萼、花梗均有长柔毛，极少无毛。伞形花序，4~6 朵花；花萼钟状，上 2 萼齿较大；花梗极短；花冠紫色，旗瓣卵形，龙骨瓣极短；花序梗纤细，长于叶 1 倍。荚果圆筒状，形似口袋，长 1.5cm，被稀疏柔毛，成熟后开裂。总果柄较叶长，较叶柄纤细。花期 4~5 月，果期 5~6 月。

生　境： 山坡、沟谷、路旁。

用　途： 全草可入药。

翠湖湿地：常见，见于林缘、路旁、荒地。

145 长萼鸡眼草 | 鸡眼草

Kummerowia stipulacea

豆科 | 鸡眼草属

Fabaceae | *Kummerowia*

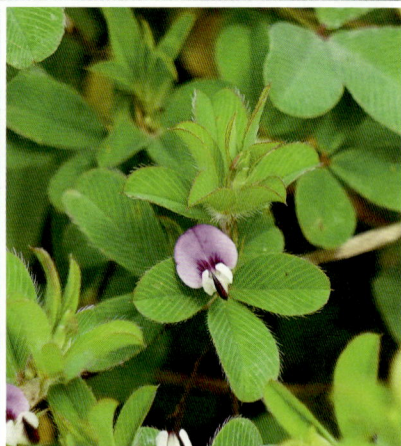

形态特征： 一年生草本。茎平卧，分枝多而密，被向上的硬毛。三出羽状复叶，小叶倒圆形，长 7~20mm，纸质，先端微凹或近平截，基部楔形，下面中脉及边缘有毛，侧脉多而密；托叶与叶柄近等长或稍长。花 1~2 朵簇生叶腋，紫红色；花萼 5 裂，淡绿色，有缘毛，基部具 4 枚小苞片，其中小的 1 枚生于花梗关节之下；花冠紫红色，长 5.5~7mm；旗瓣椭圆形，与翼瓣近等长，比龙骨瓣短。荚果椭圆形或卵形，长为萼的 2 倍。花期 7~8 月，果期 9~10 月。

生　境： 田边、路旁、山坡草丛。

用　途： 全草可入药，可作饲草和绿肥。

翠湖湿地： 常见，见于林缘、路旁、草地。

146 天蓝苜蓿

Medicago lupulina

豆科 ｜ 苜蓿属

Fabaceae ｜ *Medicago*

形态特征： 一年生草本。全株被柔毛或有腺毛。三出羽状复叶，小叶宽倒卵形，纸质，长7~20mm，宽4~16mm，先端钝圆，微缺，上部具锯齿；顶生小叶较大，侧生小叶柄甚短。花序小头状，具花10~20朵；总花梗细，挺直，比叶长，密被贴伏柔毛；苞片刺毛状，甚小；花长2~2.2mm；萼钟形，密被毛，萼齿线状披针形；花冠黄色，旗瓣近圆形，顶端微凹，翼瓣和龙骨瓣近等长，均比旗瓣短。荚果肾形，弯曲。花期4~8月，果期5~9月。

生　　境： 田边、路旁、草丛。

用　　途： 可作饲草。

翠湖湿地： 常见，见于草丛、荒地。

153

147 草木樨 ┃ 草木犀
Melilotus suaveolens

豆科 ┃ 草木樨属

Fabaceae ┃ *Melilotus*

形态特征： 二年生草本。茎直立，分枝多，无毛。三出羽状复叶，小叶椭圆形至倒披针形，边缘有疏锯齿，长1.5~2.5cm，宽3~6mm；先端钝圆，具短尖头，基部楔形，托叶线状披针形或线形全缘。总状花序腋生，花冠黄色，长3~5mm，长度不及花萼的2倍，萼齿通常与萼筒近等长；旗瓣比翼瓣稍长，翼瓣与龙骨瓣近等长；子房无柄。荚果卵球形，稍有毛，表面具网脉，含种子1粒。花期6~8月，果期7~9月。

生　境： 田边、路旁、草丛。

用　途： 除作牧草和绿肥外，全草可入药。

翠湖湿地： 较常见，见于草丛中。

148	蔓黄芪 | 背扁黄芪 *Phyllolobium chinense*	豆科 | 蔓黄芪属 Fabaceae | *Phyllolobium*

豆科 Fabaceae

蔓黄芪 *Phyllolobium chinense*

形态特征: 多年生草本。茎平卧,有棱。奇数羽状复叶,互生,小叶 9~25 枚,椭圆形,长 5~18mm,宽 3~7mm,先端钝或微缺,上面无毛,下面疏被粗伏毛。总状花序腋生,具 3~7 朵花,较叶长;总花梗疏被粗状毛;花萼钟状,被毛,萼齿披针形,与萼筒近等长;花冠紫红色,旗瓣长 1~1.1cm,宽 8~9mm,瓣片近圆形,长 7.5~8mm,先端微缺,子房有柄,被毛。荚果略膨胀,狭矩圆形两端尖,背腹压扁,微被褐色短粗伏毛。花期 7~9 月,果期 8~10 月。

生　境: 山坡路旁、草丛。

用　途: 全株可作绿肥、饲料,种子可入药。

翠湖湿地: 不常见,见于林下。

149 小冠花 | 绣球小冠花
Securigera varia

豆科 | 斧荚豆属

Fabaceae | *Securigera*

形态特征：多年生草本。茎直立粗壮，多分枝，具棱。奇数羽状复叶，小叶 11~25，薄纸质，椭圆形或长圆形，长 1.5~2.5cm，两面无毛，侧脉每边 4~5；托叶小，膜质，披针形。花 5~20 朵密集排列呈绣球状，花萼膜质，萼齿短于萼管；花冠紫色、淡红色或白色，有明显紫色条纹，长 0.8~1.2cm，旗瓣近圆形，翼瓣近长圆形；龙骨瓣先端呈喙状，喙紫黑色，向内弯曲。荚果圆柱形细长，稍扁，具 4 棱，有多数荚节，先端具短喙。花期 6~7 月，果期 8~9 月。

生　境：栽植于公园、庭院。

用　途：种子和花可入药，可作饲料。

翠湖湿地：不常见，见于林缘。

150	大花野豌豆 ▏三齿萼野豌豆	豆科 ▏野豌豆属
	Vicia bungei	Fabaceae ▏*Vicia*

豆科 Fabaceae

大花野豌豆 *Vicia bungei*

形态特征： 一年生草本。茎细弱，四棱，多分枝。偶数羽状复叶互生；小叶4~10，短圆形，长6~25mm，宽4~7mm，先端平截，微凹，全缘；面叶脉不甚清晰，下面叶脉明显被疏柔毛；叶轴顶端有分叉的卷须；托叶半箭头形，有锯齿。总状花序腋生，具2~4朵花；花萼钟状，萼齿宽披针形，下齿较长；花冠紫红色，旗瓣倒卵披针形，长2~2.5cm，先端微缺，翼瓣短于旗瓣，龙骨瓣短于翼瓣。荚果矩圆形，稍扁，略膨胀。花期4~6月，果期8~9月。

生　境： 田边、路旁、草丛。

用　途： 可作牧草和绿肥。

翠湖湿地： 不常见，见于草地。

151	绿豆	豆科 | 豇豆属
	Vigna radiata	Fabaceae | *Vigna*

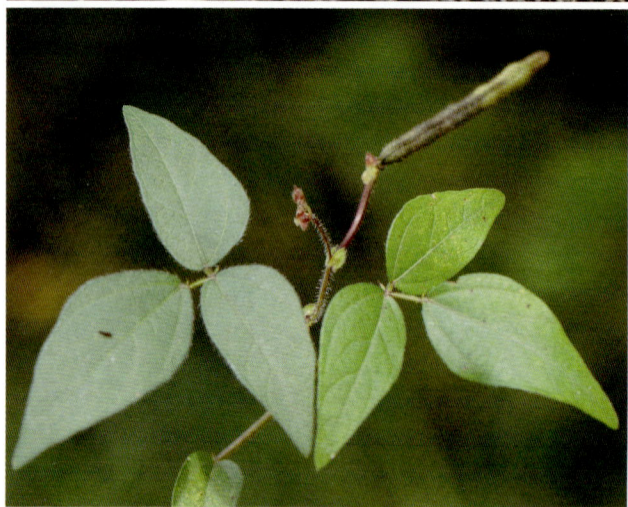

形态特征: 一年生草本。茎直立或上部略缠绕状，被褐色长硬毛。三出羽状复叶，顶生小叶卵形，长 5~16cm，侧生小叶斜卵形，先端渐尖，基部宽楔形或圆，两面被疏长毛，基部 3 脉明显；托叶盾状着生卵形，具缘毛。总状花序腋生，有花 4 至数朵；萼钟形，下面居中萼齿最长；旗瓣近方形，外面黄绿色，里面带粉红，与翼瓣和龙骨瓣近等长；龙骨瓣镰刀状，右侧有显著的囊。荚果线状圆柱形，被淡褐色散生长硬毛。花期 6~7 月，果期 8~9 月。

生　境: 广泛栽植。

用　途: 种子可入药，也可食用。

翠湖湿地: 极少见，见于荒地。

152	龙牙草 | 仙鹤草	蔷薇科 | 龙牙草属
	Agrimonia pilosa	Rosaceae | *Agrimonia*

蔷薇科 Rosaceae

龙牙草 *Agrimonia pilosa*

形态特征： 多年生草本。全株密生长柔毛，稀下部被稀疏长硬毛。叶互生，间断奇数羽状复叶，小叶 5~7，椭圆状卵形或倒卵形，边缘有锯齿，上面被疏柔毛，稀脱落几无毛，有显著腺点。顶生总状花序，多花，先端向一侧偏斜。花直径6~9mm；萼片 5，三角卵形，萼筒顶端生一圈钩状刺毛；花瓣黄色，长圆形，花瓣 5。瘦果倒卵圆锥形，成熟时靠合，连钩刺长 7~8mm，靠刺毛依附于动物身上传播种子。花期 6~8月，果期 7~9月。

生　　境： 山坡、谷地、草丛、水边、路旁。

用　　途： 全草可入药，并可制栲胶、农药。

翠湖湿地： 较常见，见于灌丛、草地、路旁。

153 蛇莓 | 龙吐珠
Duchesnea indica

薔薇科 | 蛇莓属
Rosaceae | *Duchesnea*

形态特征： 多年生草本。具长匍匐茎，长30~100cm，有柔毛。三出复叶，小叶片倒卵形，长1.5~3cm，宽1.2~3cm，先端圆钝，边缘有钝锯齿。花单生叶腋；直径1.5~2.5cm；花梗长3~6cm，有柔毛；萼片卵形，具副萼片倒卵形，比萼片长，先端3裂。花瓣倒卵形，长5~10mm，黄色，先端圆钝；花托在果期膨大，海绵质，鲜红色，有光泽，直径1~2cm，外面有长柔毛。瘦果卵形，长约1.5mm，光滑或具不明显突起，鲜有光泽。花期4~9月，果期5~10月。

生　境： 沟谷，水边。

用　途： 全草可入药，浸出液可作农药。

翠湖湿地： 常见，见于林下、绿地内。

154	委陵菜 ǀ 萎陵菜	蔷薇科 ǀ 委陵菜属
	Potentilla chinensis	Rosaceae ǀ *Potentilla*

蔷薇科 Rosaceae

委陵菜 *Potentilla chinensis*

形态特征：多年生草本。茎丛生，直立或斜升，被稀疏白色绢状长柔毛。奇数羽状复叶，小叶 5~12 对；小叶片对生或互生，矩圆形，上部小叶较长，向下逐渐减小，边缘羽状中裂，裂片三角状。伞房状聚伞花序，萼片三角卵形，顶端急尖；花梗长 0.5~1.5cm，花直径 0.8~1cm；花瓣黄色，宽倒卵形，顶端微凹；花柱近顶生，基部微扩大，稍有乳头或不明显，柱头扩大。瘦果卵球形，深褐色，有明显皱纹。花期 7~9 月，果期 8~10 月。

生　境：山坡、林缘、路旁、灌草丛。

用　途：全草可入药，嫩苗可作饲料，根可提制栲胶。

翠湖湿地：较常见，见于林下、灌丛。

155	**匍枝委陵菜** ｜ 蔓萎陵菜	蔷薇科 ｜ 委陵菜属
	Potentilla flagellaris	Rosaceae ｜ *Potentilla*

形态特征: 多年生匍匐草本。基生叶掌状 5 出复叶，或为 3 小叶，连叶柄长 4~10cm，小叶片披针形、卵状披针形或长椭圆形，长 1.5~3cm，顶端急尖或渐尖，基部楔形；侧生小叶再分裂，边缘具 3~6 个缺刻状锯齿，下部两个小叶有时 2 裂，两面绿色，伏生疏柔毛；匍匐枝上叶与基生叶相似。花单生叶腋，黄色；花瓣顶端微凹或圆钝，比萼片稍长；花柱近顶生，基部细，柱头稍微扩大。成熟瘦果长圆状卵形表面呈泡状突起。花期 5~7 月，果期 6~8 月。

生　　境: 山坡、林缘、草丛。

用　　途: 嫩苗可食，也可作饲料。

翠湖湿地: 不常见，见于林缘、草地。

156	绢毛匍匐委陵菜 | 绢毛细蔓萎陵菜	蔷薇科 | 委陵菜属
	Potentilla reptans var. *sericophylla*	Rosaceae | *Potentilla*

形态特征： 多年生草本。茎匍匐，细弱，长10~20cm。三出掌状复叶，顶生小叶倒卵形，长1.5~3cm，侧生两个小叶深裂至基部，有时混生有不裂者，外观看似5小叶，上部边缘具圆钝锯齿，几无毛，下面及叶柄伏生绢状柔毛，稀脱落被稀疏柔毛。花单生叶腋，直径1~1.5cm；萼片卵状披针形，副萼片与萼片近等长；花梗细，长1~4cm，有柔毛；花瓣5，黄色；雄蕊和心皮均多数。瘦果光滑长圆形。花期4~8月，果期5~9月。

生　境： 山坡草地、田边、路旁。

用　途： 全草可入药。

翠湖湿地： 常见，见于林缘、草地。

157 朝天委陵菜 | 铺地委陵菜

Potentilla supina

蔷薇科 | 委陵菜属

Rosaceae | *Potentilla*

形态特征： 一年或二年生草本。茎平铺或斜伸，多分枝。奇数羽状复叶，小叶互生，叶背面绿色，基生叶小叶 7~13，最上面 1~2 对小叶基部下延与叶轴合生，边缘有圆钝或缺刻状锯齿。花茎上多叶，下部花单生叶腋，顶端呈伞房状聚伞花序；萼片三角卵形，副萼片长椭圆形或椭圆披针形，比萼片稍长或近等长；花瓣 5，黄色，倒卵形，顶端微凹；花柱近顶生，基部乳头状膨大，花柱扩大。瘦果长圆形，表面具脉纹。花期 4~7 月，果期 5~8 月。

生　境： 田边、路边、草丛。

用　途： 可入药，可作饲料。

翠湖湿地：常见，见于林缘、路旁、草地。

158	酢浆草 ǀ 酸三叶	酢浆草科 ǀ 酢浆草属
	Oxalis corniculata	Oxalidaceae ǀ *Oxalis*

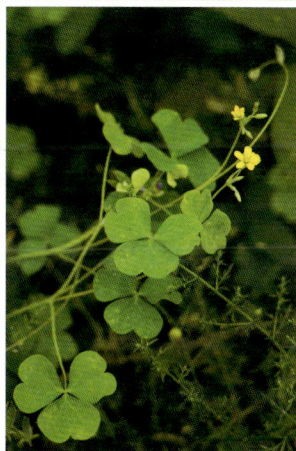

形态特征： 一年至多年生草本。全株被柔毛。茎细弱，多分枝，直立或匍匐，匍匐茎节上生根，被疏柔毛。掌状三出复叶，互生；小叶无柄，倒心形，先端凹入，基部宽楔形，两面被柔毛。花 1 至数朵组成腋生的伞形花序；花序梗与叶近等长；萼片 5，披针形或长圆状披针形；花瓣 5，黄色，长圆状倒卵形，长 8~10mm；雄蕊 10，5 长 5 短。蒴果近圆柱形，长 1~1.5cm，有 5 棱，被短柔毛，果梗平伸或向下反折。花期 5~10 月，果期 6~10 月。

生　　境： 路旁、田边、草丛。

用　　途： 全草可入药，茎叶含草酸。

翠湖湿地： 常见，见于林下、路旁。

159	红花酢浆草 ┃ 南天七	酢浆草科 ┃ 酢浆草属
	Oxalis corymbosa	Oxalidaceae ┃ *Oxalis*

酢浆草科 Oxalidaceae

红花酢浆草 *Oxalis corymbosa*

形态特征： 多年生直立草本。无地上茎，地下部分有球状鳞茎。叶基生；小叶 3，扁圆状倒心形，先端凹缺，两侧角圆，叶下面被疏毛。二歧聚伞花序，通常排列呈伞形花序式，花梗、苞片、萼片均被毛；萼片 5，披针形，先端有暗红色长圆形的小腺体 2 枚；花瓣 5，倒心形，长 1.5~2cm，为萼长的 2~4 倍，淡紫色或紫红色，基部颜色较深；雄蕊 10，5 枚超出花柱，另 5 枚达子房中部。蒴果短条形，角果状。花期 5~10 月，果期 6~10 月。

生　境： 山地、路旁、荒地或水田。

用　途： 全草可入药。

翠湖湿地： 较常见，见于绿地内。

160	角堇 ┃ 小三色堇	堇菜科 ┃ 堇菜属
	Viola cornuta	Violaceae ┃ *Viola*

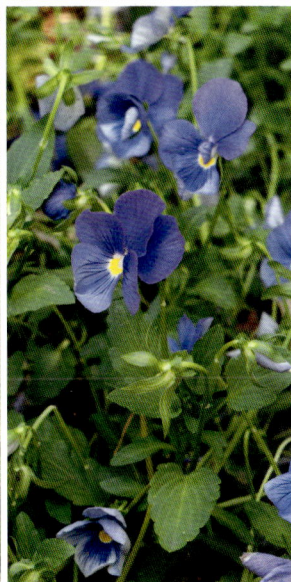

形态特征： 一二生或多年生草本。单叶，互生；叶片披针形或卵形，先端钝圆，基部近心形，叶缘有锯齿或分裂；有叶柄；托叶小，呈叶状，离生。花顶生；萼片5，基部附属物长；花瓣5，径2.5~4cm，有红、白、黄、紫、蓝等色，常有花斑，有时上下瓣颜色不同，下瓣通常稍大且基部延伸呈距；雄蕊5，花丝极短，花药环生于雌蕊周围。蒴果椭圆形，熟时3裂。花期3~6月，果期5~8月。

生　境： 栽培于庭院、公园。

用　途： 可供观赏。

翠湖湿地： 不常见，见于绿地内。

161	紫花地丁 ┃ 野堇菜	堇菜科 ┃ 堇菜属
	Viola philippica	Violaceae ┃ *Viola*

形态特征： 多年生草本。无地上茎。基生叶莲座状；果期叶长达 10cm；下部叶较小，三角状卵形或窄卵形，上部者较大，长披针形，基部平截或楔形，叶缘具圆齿；叶柄常带紫色，与叶片近等长，果期上部具宽翅。萼片 5，卵状披针形，基部附属物短；花瓣 5，紫堇色或淡紫色，下瓣有紫色脉纹；距细管状，末端不向上弯；秋季常二次开花。蒴果长圆形，熟时 3 裂。花期 4~5 月及 9 月，果期 5~6 月及 10 月。

生　境： 田边、路旁、草丛。

用　途： 全草可入药，嫩叶可食用，可供观赏。

翠湖湿地： 极少见，见于路旁、林下。

162	早开堇菜 ∣ 毛花早开堇菜	堇菜科 ∣ 堇菜属
	Viola prionantha	Violaceae ∣ *Viola*

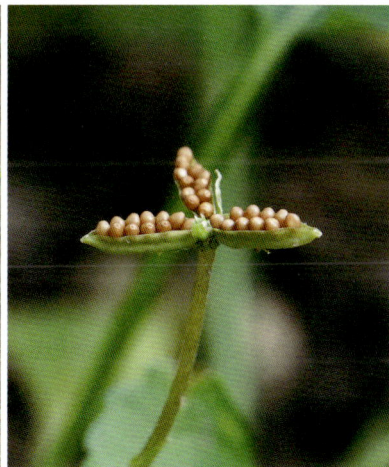

形态特征： 多年生草本。无地上茎。叶基生；幼叶两侧常向内卷折；花期叶长圆状卵形、卵状披针形或窄卵形，基部微心形、平截或宽楔形，稍下延，叶缘密生细圆齿；果期叶增大；叶柄常为绿色，短于叶片。萼片 5，披针形或卵状披针形，基部附属物长；花瓣 5，紫色、淡紫色或白色，喉部色淡，有紫色条纹，上方花瓣向上反曲；距粗管状，末端微向上弯；秋季常二次开花。蒴果长椭圆形，熟时 3 裂。花期 3~5 月及 9 月，果期 4~6 月及 10 月。

生　境： 房前屋后、路旁、田边、山坡林下。

用　途： 全草可入药，可供观赏。

翠湖湿地： 常见，见于林下、林缘、山坡、路旁。

163	铁苋菜 ┃ 铁杆愁、海蚌含珠	大戟科 ┃ 铁苋菜属
	Acalypha australis	Euphorbiaceae ┃ *Acalypha*

大戟科 Euphorbiaceae

铁苋菜 *Acalypha australis*

形态特征： 一年生草本。小枝细长，被平伏柔毛。叶互生，叶片椭圆形至卵状菱形，基出三脉，侧脉 3 对，长 2.5~8cm，宽 1.5~3.5cm，两面被毛或无毛；叶柄长 2~6cm，托叶披针形，具柔毛。花单性，雌雄同序，无花瓣；穗状花序腋生，长 1.5~5cm，苞片开展时肾形，合时如蚌壳，边缘有锯齿；雄花集呈穗状或头状，生于花序上部，淡红色；下部具雌花，雌花 1~3 朵，萼片 3。蒴果钝三棱状，绿色，疏生毛和小瘤体。花期 6~9 月，果期 7~10 月。

生　境： 田边、路旁、草地。

用　途： 全草可入药，幼苗和嫩叶可食用。

翠湖湿地：常见，见于路旁、草地。

164	**齿裂大戟** ┃ 紫斑大戟、齿叶大戟	大戟科 ┃ 大戟属
	Euphorbia dentata	Euphorbiaceae ┃ *Euphorbia*

大戟科 Euphorbiaceae

齿裂大戟 *Euphorbia dentata*

形态特征： 一年生草本。茎单一，上部多分枝，被柔毛或无毛。叶对生，线形至卵形，长2~7cm，宽5~20mm，先端尖或钝，基部渐狭，全缘、浅裂至波状齿裂；总苞叶2~3枚，与茎生叶相同；苞叶数枚，与退化叶混生。杯状小花序具腺体1，厚唇形，生于分枝顶部；总苞钟状，边缘5裂，裂片三角形，边缘撕裂状；雄花数枚，伸出总苞之外；雌花1枚；花柱3，分离，柱头两裂。蒴果扁球状，具3个纵沟。花期7~9月，果期9~10月。

生　境： 路旁、田间、草丛。

用　途： 全草可入药。

翠湖湿地： 常见，见于路旁、灌丛中。

165 地锦草 | 铺地锦
Euphorbia humifusa

大戟科 | 大戟属

Euphorbiaceae | *Euphorbia*

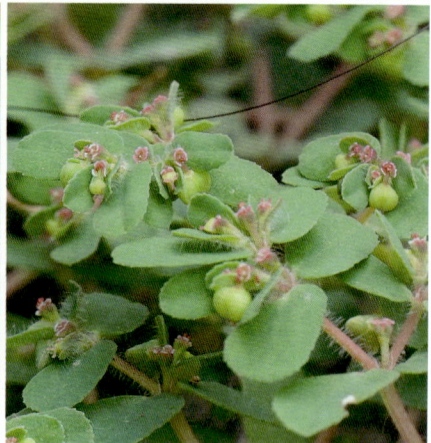

形态特征： 一年生草本。茎纤细，匍匐，自基部以上多分枝，基部常红色或淡红色，被柔毛。叶对生，矩圆形或椭圆形，长 5~10mm，宽 3~6mm，边缘具细锯齿，两面被疏柔毛；叶柄极短。杯状花序单生于叶腋；总苞陀螺状，边缘 4 裂，裂片三角形；腺体 4，长圆形，边缘具白或淡红色花瓣状附属物；雄花数枚，与总苞边缘近等长；雌花 1 枚，子房柄伸至总苞边缘；花柱分离。蒴果三棱状卵球形，无毛，花柱宿存。花期 6~9 月，果期 6~10 月。

生　境： 路旁、田间、沙丘、海滩、山坡。

用　途： 全草可入药。

翠湖湿地： 常见，见于林缘、路旁。

166	**通奶草** ∣ 南亚大戟	大戟科 ∣ 大戟属
	Euphorbia hypericifolia	Euphorbiaceae ∣ *Euphorbia*

大戟科 Euphorbiaceae

通奶草 *Euphorbia hypericifolia*

形态特征： 一年生草本。茎直立，自基部分枝或不分枝，无毛或被少许短柔毛。叶对生，狭长圆形或倒卵形，长1~2.5cm，宽4~8mm，先端钝或圆，基部圆形，通常偏斜，不对称，边缘全缘或基部以上具细锯齿，有时略带紫红色，两面被稀疏的柔毛；叶柄极短。花苞叶2枚与茎生叶同形；雄花数枚，微伸出总苞外；雌花1枚，子房柄长于总苞；子房三棱状，无毛。蒴果三棱状，无毛，成熟时分裂为3个分果爿。花期5~8月，果期7~9月。

生　境： 田间、路旁、灌丛、荒地。

用　途： 全草可入药。

翠湖湿地： 常见，见于林缘、路旁、灌丛、荒地。

167 斑地锦草 | 斑地锦
Euphorbia maculata

大戟科 | 大戟属

Euphorbiaceae | *Euphorbia*

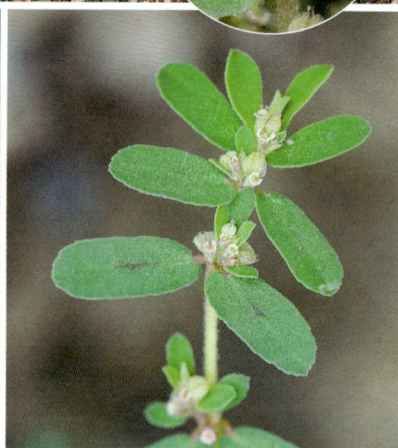

形态特征： 一年生草本。茎匍匐，被疏柔毛。叶对生，长椭圆形，长 6~12mm，宽 2~4mm，先端钝，基部偏斜，不对称，边缘中部以上常具细小疏锯齿；叶面绿色，中部常具长圆形的紫色斑点，有时无斑，两面无毛；叶柄极短。花序单生于叶腋，基部具短柄；总苞狭杯状，外部具白色疏柔毛，边缘 5 裂，裂片三角状圆形；雄花 4~5 枚，微伸出总苞外；雌花 1 枚，子房柄伸出总苞外，被柔毛。蒴果三角状卵形，被稀疏柔毛。花期 6~9 月，果期 6~10 月。

生　境： 路旁、田间。

用　途： 可入药。

翠湖湿地： 常见，见于林缘、路旁。

168	小叶大戟	大戟科 ｜ 大戟属
	Euphorbia makinoi	Euphorbiaceae ｜ *Euphorbia*

形态特征： 一年生草本。茎匍匐，基部多分枝，长 8~10cm，略呈淡红色，节间常具不定根。叶对生，椭圆状卵形，长 3~5mm，宽2~3.5mm，先端圆，基部偏斜，不对称，近全缘；叶柄明显，长 1~3mm。花序单生，具梗，长约 1mm；总苞近窄钟状，边缘 5裂，裂片三角状披针形，撕裂，被柔毛；腺体4，近椭圆形，具较窄白色附属物；雄花 3~4，伸至总苞近边缘；雌花 1，子房柄伸出总苞，子房无毛；花柱分离。蒴果三棱状球形。花果期5~10 月。

生　境： 林缘、路旁、干旱山坡。

用　途： 可入药。

翠湖湿地：常见，见于林缘、路旁。

169	宿根亚麻 ┃ 蓝亚麻	亚麻科 ┃ 亚麻属
	Linum perenne	Linaceae ┃ *Linum*

形态特征: 多年生草本。茎直立,多在上部分枝,基部木质化,具密集狭条形叶的不育枝。叶互生,狭条形,长 8~25mm,全缘内卷,先端锐尖,基部渐狭。花多数,组成聚伞花序,蓝色,直径约 2cm;萼片 5,卵形,外面 3 片先端急尖,内面 2 片先端钝,全缘;花瓣 5,倒卵形;雄蕊 5,花丝中部以下稍宽,基部合生;退化雄蕊 5,与雄蕊互生;子房 5 室,花柱 5,分离,柱头头状。蒴果近球形,草黄色,开裂。花期 6~7 月,果期 8~9 月。

生　境: 路旁、荒地。
用　途: 可入药,可供观赏。
翠湖湿地: 较常见,见于荒地、绿地内。

170 黄珠子草

Phyllanthus virgatus

叶下珠科 | 叶下珠属

Phyllanthaceae | *Phyllanthus*

形态特征： 一年生草本。茎基部具窄棱。枝条通常自茎基部发出，上部扁平而具棱。叶互生，线状披针形，长5~25mm，全缘。通常2~4朵雄花和1朵雌花同簇生于叶腋；萼片6，宽卵形；雄花3，花丝分离；花盘腺体6，长圆形；雌花花萼深6裂，卵状长圆形，紫红色，外折，花盘圆盘状，不分裂，子房圆球形，3室，具鳞片状突起；花柱分离，2深裂几达基部，反卷。蒴果扁球形，有小瘤状突起。花期8~9月，果期9~10月。

生　境： 山坡、路旁、水边。

用　途： 可入药。

翠湖湿地： 常见，见于林下、路旁。

171 牻牛儿苗 | 太阳花
Erodium stephanianum

牻牛儿苗科 | 牻牛儿苗属
Geraniaceae | *Erodium*

形态特征： 一年或二年生草本。茎多分枝，仰卧或蔓生，被柔毛。叶对生，长5~10cm，宽3~5cm，二回羽状深裂，小裂片卵状条形，全缘或疏生齿；叶面疏被伏毛，叶背被柔毛，沿脉毛被较密。伞形花序，2~5朵腋生；萼片长圆状卵形，先端具长芒，被长糙毛；花瓣紫红色，倒卵形，先端圆或微凹；雄蕊10，外轮5枚无花药。蒴果长约4cm，有长喙，成熟时5个果瓣与中轴分离，喙部呈螺旋状卷曲。花期3~5月及9~10月，果期4~6月及9~10月。

生　境： 田边、路旁、山坡草丛。

用　途： 全草可入药。

翠湖湿地： 较常见，见于路旁、荒地。

172	草地老鹳草 ┃ 草甸老鹳草	牻牛儿苗科 ┃ 老鹳草属
	Geranium pratense	Geraniaceae ┃ *Geranium*

形态特征： 多年生草本。茎直立，假二叉状分枝，被倒向弯曲的柔毛和开展的腺毛。叶对生；叶片肾圆形或上部叶五角状肾圆形，基部宽心形，长3~4cm，宽5~9cm，掌状7~9深裂近茎部，裂片菱形或狭菱形，羽状深裂，小裂片条状卵形，常具1~2齿；基生叶和茎下部叶具长柄，向上叶柄渐短，明显短于叶。聚伞花序，2朵顶生；萼片卵状椭圆形或椭圆形；花瓣蓝紫色，宽倒卵形；花药紫红色。蒴果长约3cm。花期6~7月，果期7~9月。

生　境： 山地草甸。

用　途： 可作牧草。

翠湖湿地： 常见，见于林缘、路旁。

173 鼠掌老鹳草

Geranium sibiricum

牻牛儿苗科 | 老鹳草属

Geraniaceae | *Geranium*

形态特征： 一年生或多年生草本。茎仰卧或近直立，疏被倒向柔毛。叶对生；叶片肾状五角形，基部宽心形，长 3~6cm，宽 4~8cm，掌状 5 深裂，裂片卵状披针形，羽状分裂或齿状深缺刻，先端锐尖。花 1~2 朵腋生，径约 8mm；花序梗粗；萼片卵状椭圆形或卵状披针形，先端急尖，具短尖头；花瓣倒卵形，淡紫红色或白色，先端微凹或缺刻；雄蕊 10，均有花药。蒴果有喙，疏被柔毛，果柄下垂。花期 6~8 月，果期 7~9 月。

生　境： 村旁、田边、山坡、沟谷湿润处。

用　途： 全草可入药。

翠湖湿地： 常见，见于林缘、路旁。

180

174	天竺葵 | 臭海棠、洋绣球	牻牛儿苗科 | 天竺葵属
	Pelargonium hortorum	Geraniaceae | *Pelargonium*

牻牛儿苗科 Geraniaceae

天竺葵 *Pelargonium hortorum*

形态特征： 多年生草本。茎直立，基部木质化，具明显的节，有浓烈鱼腥味。叶互生；叶片圆形或肾形，基部心形，径 3~7cm，边缘波状浅裂，具圆齿；叶面有暗红色马蹄形环纹；托叶宽三角形或卵形。伞形花序腋生，具多花；花梗长 3~4cm；萼片窄披针形；花瓣红、橙红、粉红或白色，宽倒卵形，先端圆，长 1.2~1.5cm，宽 0.6~0.8cm，下面 3 枚常较大。蒴果长约 3cm。花期 5~7 月，果期 6~9 月。

生　境： 栽植于庭院、公园。

用　途： 可供观赏。

翠湖湿地： 较常见，见于绿地内。

175 千屈菜 ∣ 水柳	千屈菜科 ∣ 千屈菜属
Lythrum salicaria	Lythraceae ∣ *Lythrum*

形态特征： 多年生草本。全株青绿色，茎直立，多分枝，枝常具4棱。叶对生或3片轮生，披针形或宽披针形，长3.5~6.5cm，宽1~1.5cm，有时稍抱茎。聚伞花序簇生，花枝似一大型穗状花序；花萼筒状，萼筒有12条纵棱，顶端具6齿，萼齿间有尾状附属体；花瓣6，红紫色或淡紫色，倒披针状长椭圆形，着生于萼筒上部，有短爪，稍皱缩；雄蕊12，分2轮，6长6短，伸出萼筒之外。蒴果包于萼筒内，2裂，扁圆形。花期6~8月，果期7~9月。

生　境： 水边、河滩。

用　途： 全草可入药，可供观赏。

翠湖湿地： 常见，见于水边、湿地、浅滩。

176	月见草 | 夜来香	柳叶菜科 | 月见草属
	Oenothera biennis	Onagraceae | *Oenothera*

柳叶菜科 Onagraceae

月见草 *Oenothera biennis*

形态特征：二年生直立草本。基生叶莲座状，倒披针形，长 7~20cm，宽 1~5cm，先端锐尖至短渐尖，基部楔形，叶缘有稀疏钝齿；茎生叶渐小。穗状花序不分枝，或在主序下面具次级侧生花序，夜间开花，清晨凋零；萼片长圆状披针形，花后反折；花瓣黄色，宽倒卵形，长 2.5~3cm，先端微凹；雄蕊 8，与雌蕊近等长。蒴果圆柱形，长 2~3.5cm，直立，绿色，具棱。花期 6~9 月，果期 7~10 月。

生　境：田边、路旁。

用　途：根、种子可入药，种子可榨油食用，花可提制芳香油，可供观赏，茎皮纤维可制绳。

翠湖湿地：常见，见于林缘、山坡、路旁、草地。

177 山桃草 | 白桃花

Oenothera lindheimeri

柳叶菜科 | 月见草属

Onagraceae | *Oenothera*

形态特征： 多年生草本。常丛生，茎直立，多分枝，入秋变红色。叶互生；叶片椭圆状披针形或倒披针形，长 3~9cm，宽 0.5~1cm，向上渐小，先端锐尖，基部楔形；无叶柄。穗状花序顶生，花近拂晓开放；萼片披针形，淡粉红色，花开时反折；花瓣白色或粉红色，排向一侧，倒卵形或椭圆形，长 1.2~1.5cm，宽 5~8mm；花药带红色。蒴果坚果状，狭纺锤形，长 6~9mm，径 2~3mm，熟时褐色，具明显棱。花期 5~9 月，果期 8~9 月。

生　境： 山坡林下、沟边或栽植于公园。

用　途： 可供观赏。

翠湖湿地： 常见，见于林缘、路旁。

178 苘麻 | 车轮草、磨盘草

Abutilon theophrasti

锦葵科 | 苘麻属

Malvaceae | *Abutilon*

形态特征： 一年生亚灌木状草本。茎被柔毛。叶互生，圆心形，长 5~10cm，边缘具细圆锯齿，两面密被星状柔毛；叶柄被星状细柔毛；托叶早落。花腋生，被柔毛，近顶端具节；花萼杯状，密被短茸毛，裂片 5，卵形；花黄色，花瓣倒卵形；雄蕊多数，花丝合生呈管状；心皮 15~20，顶端平截，具扩展、被毛的长芒 2，排列呈轮状，密被软毛。蒴果半球形，径 2cm，被粗毛，顶端具长芒。种子肾形，褐色，被星状柔毛。花期 6~8 月，果期 7~9 月。

生　境： 路旁、荒地和田野间。

用　途： 全草可入药，茎皮可作纺织材料，种子可供制皂、油漆和工业用润滑油。

翠湖湿地： 常见，见于林缘、路旁、荒地。

179 蜀葵 | 一丈红
Alcea rosea

锦葵科 | 蜀葵属
Malvaceae | *Alcea*

形态特征： 二年生直立草本。茎枝密被刺毛。早春先发出基生叶，数枚丛生；叶互生，近圆心形，径 6~15cm，掌状 5~7 浅裂，裂片三角形或圆形，粗糙，两面被毛。花腋生、单生、簇生或呈顶生总状花序，具叶状苞片；花大，径 6~10cm，有红、紫、白、黄等色，单瓣或重瓣，花瓣倒卵状三角形，长 4cm；雄蕊柱无毛，花丝纤细，花药黄色；花柱分枝多数。果盘状，径 2cm，被短柔毛，具纵槽。种子扁圆，肾形。花期 5~9 月，果期 6~10 月。

生　境： 路旁、田边、草丛。

用　途： 全草可入药，茎皮可代麻用。

翠湖湿地： 极少见，见于绿地内。

180	野西瓜苗 ǀ 灯笼花	锦葵科 ǀ 木槿属
	Hibiscus trionum	Malvaceae ǀ *Hibiscus*

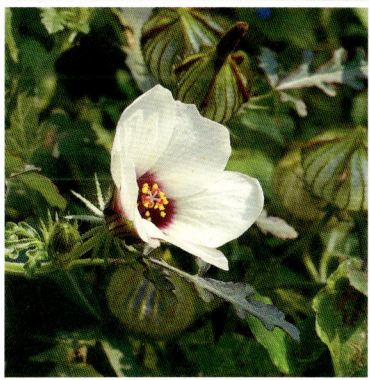

形态特征： 一年生直立或平卧草本。茎柔软，被白色粗毛。叶二型，茎下部叶圆形，不分裂，上部叶掌状 3~5 深裂，直径 3~6cm，裂片倒卵形至长圆形，常羽状全裂，两面有粗刺毛。花单生于叶腋，花萼钟形，淡绿色，裂片 5，膜质，三角形，具纵向紫色条纹；花淡黄色或白色，内面基部紫色，径 2~3cm；花瓣 5，白色，内面基部深紫色，倒卵形，被柔毛。蒴果长圆状球形，径约 1cm，被硬毛，果皮薄，黑色。花期 6~8 月，果期 7~9 月。

生　境： 田边、草丛。

用　途： 全草可入药。

翠湖湿地： 常见，见于荒地、草丛中。

181 醉蝶花 | 蝴蝶梅、醉蝴蝶

Tarenaya hassleriana

白花菜科 | 醉蝶花属

Cleomaceae | *Tarenaya*

形态特征： 一年生粗壮草本。全株被黏质腺毛，有特殊臭味。掌状复叶，具 5~7 小叶，小叶草质，椭圆状披针形或倒披针形，中央小叶盛大，长 6~8cm，宽 1.5~2.5cm，最外侧的最小，两面被毛；有托叶刺，尖利，外弯，叶柄长 2~8cm，常有淡黄色皮刺。总状花序顶生，长达 40cm，花多数；花瓣红、淡红或白色，瓣片倒卵状匙形，具长爪；雄蕊 6，花丝长 3.5~4cm，明显伸出花外。蒴果细圆柱形，长 5~6.5cm，密布网状纹。花期 7~8 月，果期 8~9 月。

生　境： 栽植于庭院、公园。

用　途： 全草可入药。

翠湖湿地： 不常见，见于路旁。

182	荠 ∣ 荠菜	十字花科 ∣ 荠属
	Capsella bursa-pastoris	Brassicaceae ∣ *Capsella*

十字花科 Brassicaceae

荠 *Capsella bursa-pastoris*

形态特征： 一年或二年生草本。茎直立，单一或从下部分枝。基生叶丛生，大头羽状分裂，长可达10cm，宽可达2.5cm，边缘有浅裂或不规则粗锯齿；茎生叶狭披针形，长1~2cm，基部心形，抱茎。总状花序顶生及腋生，果期延长达20cm；花梗长3~8mm；萼片长圆形；花瓣白色，卵形，有短爪。短角果倒心形，长5~8mm，宽4~7mm，扁平，顶端微凹。种子2行，长椭圆形，浅褐色。花期3~4月及9~10月，果期3~5月及10~11月。

生　境：路旁、田边、草丛。

用　途：全草可入药，茎叶可作蔬菜食用。

翠湖湿地： 较常见，见于荒地、草丛中。

183 碎米荠
Cardamine occulta

十字花科｜碎米荠属

Brassicaceae｜*Cardamine*

形态特征： 一年生草本。茎单一或分枝。奇数羽状复叶，基生叶具小叶 1~3 对，顶生小叶圆卵形，长 4~14mm，先端有 3 ~ 5 圆齿，侧生小叶较小，有短柄，基部楔形，歪斜；茎生叶小叶 2~3 对，狭倒卵形至线形，上面及边缘有柔毛。总状花序在枝顶呈伞房状，果时伸长；花小，花梗纤细；萼片绿色或淡绿色，狭长圆形，外面疏生柔毛；花白色，花瓣倒卵形。长角果条形，近直立开展。种子椭圆形，棕色。花期 6~10 月，果期 6~11 月。

生　境： 山坡、路旁、田边潮湿处。

用　途： 全草可入药，可作野菜食用。

翠湖湿地： 较常见，见于路旁。

184 播娘蒿

Descurainia sophia

十字花科 | 播娘蒿属

Brassicaceae | *Descurainia*

形态特征： 一年生草本。茎直立，基部分枝，下部常呈淡紫色。叶互生，叶长 3~5cm，宽 2~2.5cm，狭卵形，二至三回羽状全裂，末回裂片窄条形长圆形，下部叶具柄，上部叶无柄。总状花序顶生；萼片 4，直立，窄长圆形，背面具分叉柔毛；花瓣黄色，长圆状倒卵形，长 2~3cm，基部具爪；雄蕊 6，比花瓣长 1/3。长角果窄条状，长 2~3cm，宽约 1mm。种子每室 1 行，小而多，长圆形，稍扁，淡红褐色，有细网纹。花期 4~5 月，果期 5~6 月。

生　境： 路旁、山坡、田野、荒地。

用　途： 种子可入药，种子油可工业用。

翠湖湿地：常见，见于路旁、荒地。

185 波齿糖芥 | 华北糖芥
Erysimum macilentum

十字花科 | 糖芥属

Brassicaceae | *Erysimum*

形态特征： 一年生草本。茎直立，有棱角，具2叉毛或近无毛。叶片线状披针形，长3~8cm，被丁字毛和3叉毛，叶柄长3~4mm,顶端急尖，基部渐狭，边缘具波状齿；茎生叶具短柄或无柄。总状花序顶生；萼片长椭圆形，外面有3叉毛；花瓣黄色，窄长圆形，长4~5mm；雄蕊6，花丝伸长；雌蕊线形，花柱短，柱头头状，深裂；果梗短。长角果圆柱形，具4棱，具3~4叉毛。种子椭圆形，棕色。花期3~5月，果期4~6月。

生　境： 草丛、路边。

用　途： 可入药。

翠湖湿地：常见，见于路旁、荒地。

186	盐芥	十字花科 | 山萮菜属
	Eutrema salsugineum	Brassicaceae | *Eutrema*

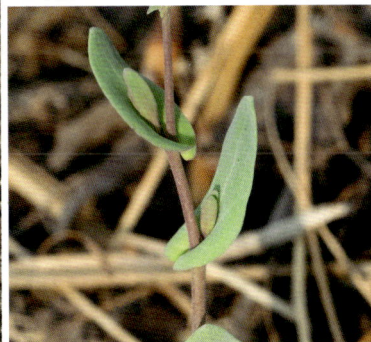

形态特征： 一年生草本。茎基部或中部分枝，下部常有盐粒。基生叶具柄，早枯；叶卵形或长圆形，全缘或具不整齐小齿；茎生叶无柄，长圆状卵形，下部叶长约2.5cm，向上渐小，基部箭形，抱茎，全缘或具不明显小齿。萼片卵圆形，长1.5~2mm，边缘膜质、白色；花瓣白色，长圆状倒卵形，长2.5~3.5mm，先端钝圆。长角果长1.5~2cm，微内弯，斜升或直立；果柄丝状，近平展。种子椭圆形，黄色。花果期4~5月。

生　境： 土壤盐渍化的农田边、水沟旁和山区。

用　途： 可做调味料，可入药。

翠湖湿地： 不常见，见于林下。

193

187 北香花芥 | 北香花草

Hesperis sibirica

十字花科 | 香花芥属

Brassicaceae | *Hesperis*

形态特征： 二年生草本。茎直立，上部分枝、叶及花梗具长单毛及短单毛，并杂有腺毛。叶卵状披针形，长 4~15cm，宽 1.5~5cm，草质，顶端急尖或渐尖，基部楔形，边缘有波状齿或尖锐锯齿；叶柄长 1~1.5cm；茎生叶无柄，窄披针形，有锯齿至近全缘。总状花序顶生或腋生；萼片椭圆形，外面有长毛；花直径约 1.5cm，花瓣紫色，倒卵形，长 1.5~2.2cm，具长爪；雄蕊不露出。长角果四棱状圆柱形，具短腺毛。花期 6~9 月，果期 7~10 月。

生　境： 亚高山草甸，林下。

用　途： 可入药。

翠湖湿地： 不常见，见于绿地内。

188	**独行菜** ┃ 葶苈子	十字花科 ┃ 独行菜属
	Lepidium apetalum	Brassicaceae ┃ *Lepidium*

形态特征： 一年或二年生草本。茎直立，有分枝，无毛或具微小头状毛。基生叶窄匙形，1回羽状浅裂或深裂，长3~5cm，叶柄长1~2cm；茎生叶向上渐由窄披针形至线形，无柄，有疏齿或全缘，疏被头状腺毛。总状花序具密花，果期可伸长至5cm；萼片4，卵形，早落；花瓣不存在或退化呈丝状，短于萼片；雄蕊2或4。短角果宽椭圆形，扁平，顶端微凹，上部有窄翅，果柄弧形。种子椭圆形，平滑，红棕色。花期3~5月，果期4~6月。

生　境： 山坡、路旁、田边、草丛。

用　途： 种子可入药。

翠湖湿地： 常见，见于路旁、草丛中。

189 诸葛菜 | 二月蓝

Orychophragmus violaceus

十字花科 | 诸葛菜属

Brassicaceae | *Orychophragmus*

形态特征： 一年或二年生草本。全株无毛，有粉霜。茎直立，单一或上部分枝，浅绿色或带紫色。秋季叶全部基生，肾形，锯齿不整齐；春季叶互生，基生叶和下部茎生叶常为大头羽状分裂，长3~8cm，宽1.5~3cm，中上部叶长圆形，基部耳状抱茎，锯齿不整齐，具叶柄。总状花序顶生；花紫色，花萼筒状，萼片长达1.6cm；花瓣4，宽倒卵形，基部爪长达1.5cm；雄蕊6，4长2短。长角果线形，具4棱，有喙。花期3~5月，果期4~6月。

生　境： 路旁、林缘、草丛。

用　途： 嫩茎叶可食用，种子可榨油。

翠湖湿地： 极常见，见于林下、灌丛、山坡。

风花菜 | 球果蔊菜

十字花科 | 蔊菜属

Rorippa globosa

Brassicaceae | *Rorippa*

形态特征： 一年或二年生草本。茎单一，基部木质化，下部被白色长毛。基生叶早枯；茎下部叶具柄，上部叶无柄，长圆形或倒卵状披针形，长5~15cm，两面被疏毛，先端渐尖或圆钝，基部抱茎，两侧尖耳状，边缘呈不整齐的齿裂。总状花序多数，顶生或腋生，圆锥状排列，无叶状苞片；花小，黄色，具细梗；萼片4，卵形；花瓣4，倒卵形，基部渐狭呈短爪；雄蕊6。短角果球形，先端有短喙。种子多数，卵形。花期5~7月，果期6~8月。

生　境： 水边、田边、路旁湿润处。

用　途： 幼苗及嫩株可食用。

翠湖湿地： 不常见，见于水边。

191 沼生蔊菜
Rorippa palustris

十字花科｜蔊菜属
Brassicaceae｜*Rorippa*

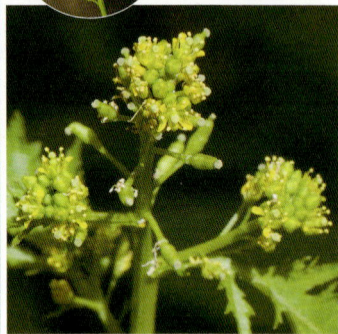

形态特征： 一年或二年生草本。全株无毛。茎直立，具棱，下部常带紫色。叶矩圆形至狭矩圆形，长5~10cm，宽1~3cm，羽状深裂或大头羽裂，裂片3~7对，边缘不规则浅裂或呈深波状。总状花序顶生或腋生，具多数小花；花梗纤细；萼片长椭圆形；花瓣黄或淡黄色，长倒卵形或楔形，与萼近等长；雄蕊6。短角果短圆柱形或椭圆形，有时稍弯曲，果瓣肿胀；果柄长于角果。种子每室2行，褐色，近卵圆形，具网纹。花期5~7月，果期6~8月。

生　境： 水边、田边、路旁湿润处。

用　途： 全草可入药，苗叶可食用。

翠湖湿地： 不常见，见于水边。

192	长鬃蓼 | 马蓼	蓼科 | 蓼属
	Persicaria longiseta	Polygonaceae | *Persicaria*

蓼科 Polygonaceae

长鬃蓼 *Persicaria longiseta*

形态特征： 一年生草本。茎斜生或直立，分枝，无毛。叶披针形或宽披针形，长 5~13cm，宽 1~2cm，先端尖，基部楔形，全缘；两面常具白色小点；叶柄短或近无柄；托叶鞘筒状，顶端具长缘毛。穗状花序直立，细弱稀疏，下部间断，顶生或腋生；苞片漏斗状，具长缘毛；花被 5 深裂，淡红或紫红色，椭圆形；雄蕊 8，稀为 6~7；花柱 3，中下部连合。瘦果宽卵形，黑色，具 3 棱，包于宿存花被内。花期 7~9 月，果期 8~10 月。

生　　境： 水边、湿润处。

用　　途： 可供观赏。

翠湖湿地： 不常见，见于水边、湿地。

193 圆基长鬃蓼

Persicaria longiseta var. *rotundata*

蓼科 | 蓼属

Polygonaceae | *Persicaria*

形态特征： 一年生草本。茎斜生或直立，分枝，无毛。叶条状披针形，先端尖，基部圆形或近圆形，全缘；两面常具白色小点；叶柄短或近无柄；托叶鞘筒状，顶端具长缘毛。穗状花序直立，细弱稀疏，下部常间断，顶生或腋生；苞片漏斗状，具长缘毛；花被 5 深裂，淡红色，椭圆形；雄蕊 8；花柱 3，中下部连合。瘦果宽卵形，黑色，具 3 棱，包于宿存花被内。花期 7~9 月，果期 8~10 月。

生　境： 水边、湿润处。

用　途： 可供观赏。

翠湖湿地： 常见，见于水边、湿地、林缘。

194	**红蓼** | 狗尾巴花	蓼科 | 蓼属
	Persicaria orientalis	Polygonaceae | *Persicaria*

形态特征： 一年生高大草本。茎直立，粗壮，上部多分枝，密被长毛。叶宽卵形或宽椭圆形，长10~20cm，先端渐尖，基部圆或近心形，微下延，两面密被毛；托叶鞘筒状，顶端常具绿色草质翅。数个总状花序组成圆锥状，顶生或腋生，花紧密，微下垂；花被5深裂，紫红色，花被片椭圆形；雄蕊7，较花被长；花柱2，中下部连合，内藏。瘦果近球形，径3~3.5mm，黑褐色，扁平，双凹，有光泽，包于宿存花被内。花期7~9月，果期8~10月。

生　境： 水边、水中、路旁。

用　途： 果实可入药。

翠湖湿地： 不常见，见于水边。

195 萹蓄 | 扁竹、猪牙草

Polygonum aviculare

蓼科 | 萹蓄属

Polygonaceae | *Polygonum*

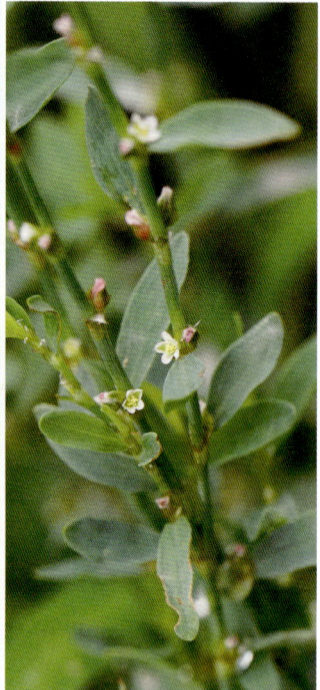

形态特征： 一年生草本。茎平卧或上升，基部多分枝。叶互生；叶片椭圆形或披针形，长1.5~3cm，宽5~10mm，先端圆或尖，基部楔形，全缘，两面无毛；叶柄短，基部具关节；托叶鞘膜质，下部褐色，上部白色透明，撕裂。花1~5朵簇生叶腋，遍布植株；苞片薄膜质；花梗细短；花被5深裂，绿色，边缘白或淡红色；雄蕊8，花丝基部宽；花柱3。瘦果卵形，具3棱，黑褐色，密被由小点组成的细条纹。花期5~9月，果期6~10月。

生　境： 房前屋后、路旁、田边、湿润处。

用　途： 全草可入药。

翠湖湿地：常见，见于林下、灌丛、草地。

196	齿果酸模	蓼科丨酸模属
	Rumex dentatus	Polygonaceae丨*Rumex*

形态特征： 一年生草本。茎直立，自基部分枝，枝斜上，具浅沟槽。叶互生；基生叶长圆形或宽披针形，长 15~30cm，宽 5~10cm，顶端圆钝，基部圆形，叶柄长；托叶鞘膜质，筒状。花序顶生，呈圆锥状；花被片 6，2 轮，绿色；果时内轮花被片增大，长卵形，网纹明显，全部具小瘤，小瘤长 1.5~2mm；边缘通常有 2~4 个不整齐针刺状齿，齿长 1.5~2mm；雄蕊 6。瘦果卵形，长 2~2.5mm，具 3 锐棱，两端尖，黄褐色，有光泽。花期 5~8 月，果期 6~9 月。

生　境： 水边、路旁、草丛。

用　途： 根、叶可入药。

翠湖湿地： 常见，见于林缘、荒地、草地。

197 **巴天酸模** | 土大黄　　　蓼科 | 酸模属

Rumex patientia　　　Polygonaceae | *Rumex*

形态特征： 多年生草本。茎直立，粗壮，上部分枝，具深沟槽。叶基生；基生叶长圆形或长圆状披针形，长15~30cm，宽5~10cm，顶端急尖，基部圆形或近心形，叶缘波状；茎生叶披针形，较小，具短叶柄或近无柄；托叶鞘膜质。圆锥状花序顶生；花被片6；外花被片长圆形；内花被片果时增大，宽心形，先端圆钝，基部深心形，全部或部分具长卵形小瘤。瘦果卵形，具3锐棱，顶端渐尖，褐色，有光泽。花期5~6月，果期7~8月。

生　　境： 水边、路旁、田边、沟谷。

用　　途： 根、叶可入药，茎、叶、种子可作饲料，叶、种子可食用，根可提制栲胶。

翠湖湿地： 常见，见于林缘、荒地、草地。

198	麦蓝菜 ┃ 麦篮子	石竹科 ┃ 石头花属
	Gypsophila vaccaria	Caryophyllaceae ┃ *Gypsophila*

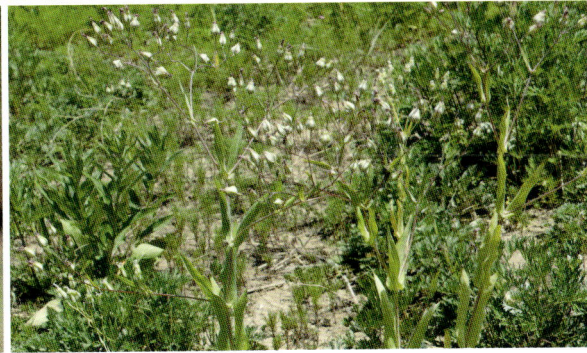

形态特征： 一年生或二年生草本。茎单生，直立，上部分枝。叶卵状披针形或披针形，长3~9cm，微抱茎，顶端急尖，具3基出脉。伞房花序稀疏；花梗细；苞片披针形；花萼卵状圆锥形，后期微膨大呈球形，棱绿色，棱间绿白色，近膜质，萼齿小；雌雄蕊柄极短；花瓣5，淡红色，倒卵形，有时具不明显缺刻，下部有淡绿色狭楔形长爪；雄蕊内藏；花柱线形。蒴果宽卵形或近圆球形。种子球形，红褐色至黑色。花期5~7月，果期6~8月。

生　境： 草坡、荒地或麦田。

用　途： 种子可入药，也可榨油用于工业。

翠湖湿地： 不常见，见于草地。

199	石生蝇子草 | 石生麦瓶草	石竹科 | 蝇子草属
	Silene tatarinowii	Caryophyllaceae | *Silene*

石竹科 Caryophyllaceae

石生蝇子草 *Silene tatarinowii*

形态特征： 多年生草本。全株被柔毛。茎仰卧或斜生，分枝稀疏。叶对生，卵状披针形，长2~5cm，基部近圆，骤狭成短柄，两面疏被柔毛，具缘毛，基出脉3。二歧聚伞花序顶生，疏散；花梗细，苞片披针形；花萼筒状，疏被短柔毛；花瓣5，白色，爪倒披针形，内藏或微伸出花萼，瓣片顶端浅2裂，两侧中部各具1条形小裂片或细齿；副花冠椭圆形；雄蕊及花柱伸出。蒴果卵圆形。种子肾形，具小瘤，脊圆钝。花期7~9月，果期8~10月。

生　　境： 草地、灌丛、疏林下多石质的山坡或岩缝。

用　　途： 栽培观赏；草块根可入药。

翠湖湿地： 较常见，见于林下、草地。

200 鹅肠菜 | 牛繁缕

Stellaria aquatica

石竹科 | 繁缕属

Caryophyllaceae | *Stellaria*

形态特征： 二年生草本。茎多分枝。叶对生，卵形或宽卵形，长2.5~5.5cm，宽1~3cm，先端尖，基部近圆或稍心形，边缘波状；上部叶常无柄或具极短柄。一歧聚伞花序顶生或腋生，苞片叶状，边缘具腺毛；花梗细长，密被腺毛，花后下垂；萼片5，卵状披针形，有短柔毛；花瓣5，白色，远长于萼片，顶端2深裂至基部；雄蕊10；花柱5，线形。蒴果卵圆形，5瓣裂。种子扁肾圆形，褐色，有刺状突起。花期5~9月，果期6~10月。

生　境： 路旁、田边、草丛、河边低湿处。

用　途： 全草可入药。

翠湖湿地： 常见，见于林缘、路旁、荒地。

201 牛膝 | 牛磕膝

Achyranthes bidentata

苋科 | 牛膝属

Amaranthaceae | *Achyranthes*

形态特征： 多年生草本。茎有棱角或四方形，绿色或带紫色，几无毛，节部膝状膨大。叶对生，叶片卵形至椭圆形，顶端尾尖，基部楔形或宽楔形，长4.5~12cm，两面有柔毛。穗状花序，长3~5cm，花后总花梗伸长，向下反折而使果实贴近总花梗；苞片宽卵形，顶端渐尖，小苞片贴生于萼片基部，刺状；花被片5，绿色；雄蕊5，具缺刻状细齿，花丝基部连合呈环状。苞果矩圆形，黄褐色，光滑。花期7~9月，果期9~10月。

生　境： 山地路旁、沟谷、阴湿处。

用　途： 根可入药。

翠湖湿地： 常见，见于林缘、灌丛、荒地。

| 202 | 凹头苋 ∣ 野苋
Amaranthus blitum | 苋科 ∣ 苋属
Amaranthaceae ∣ *Amaranthus* |

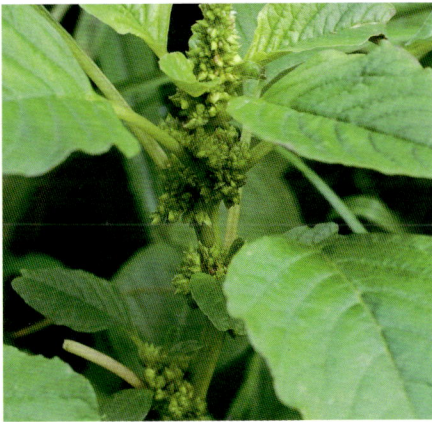

形态特征： 一年生草本。全株无毛。茎伏卧上升，基部分枝，淡绿色或紫红色。叶互生，叶片卵形或菱状卵形，长1.5~4.5cm，宽1~3cm，先端凹缺，具芒尖，或不明显，基部宽楔形，全缘或稍波状；叶柄长1~3.5cm；花簇腋生，生于茎端及枝端者呈直立穗状或圆锥花序。苞片及小苞片矩圆形，短小；花被片长圆形或披针形，长1.2~1.5mm，淡绿色，背部具隆起中脉；雄蕊较花被片稍短；柱头3。胞果扁卵形。花期6~9月，果期7~10月。

生　境： 田边、路旁、荒地。

用　途： 全草可入药，茎叶可作饲料。

翠湖湿地： 常见，见于林缘、路旁、荒地。

203 绿穗苋

Amaranthus hybridus

苋科｜苋属

Amaranthaceae｜*Amaranthus*

形态特征： 一年生草本。茎分枝，上部近弯曲，被柔毛。叶菱状卵形，长4~10cm，宽2~5cm，先端尖或微凹，具突尖，基部楔形，叶缘波状或具不明显锯齿，微粗糙，上面近无毛，下面疏被柔毛；叶柄长1~2.5cm，被柔毛。花序顶生，分枝穗状，细长，中间花穗最长，上端稍弯曲；苞片及小苞片钻形，绿色，有芒尖；花被片长圆状披针形，绿色；雄蕊和花被片近等长或稍长。胞果卵形，环状横裂，超出宿存花被片。花期6~10月，果期7~11月。

生　境： 房前屋后、路旁、田边、草丛。

用　途： 可入药、食用，茎叶可作饲料。

翠湖湿地： 常见，见于林下、荒地、草地。

204	苋 ∣ 三色苋	苋科 ∣ 苋属
	Amaranthus tricolor	Amaranthaceae ∣ *Amaranthus*

形态特征： 一年生草本。茎粗壮，绿或红色，常分枝。叶卵形、菱状卵形或披针形，长 4~10cm，绿色或带红、紫或黄色，先端圆钝，具突尖，基部楔形，全缘，无毛。花呈簇腋生，组成下垂穗状花序，花簇球形，径 0.5~1.5cm，雄花和雌花混生；苞片卵状披针形，顶端具长芒尖；花被片长圆形，长 3~4mm，绿或黄绿色，顶端具长芒尖，背面具绿或紫色中脉。胞果卵状长圆形，环状横裂，包在宿存花被片内。花期 5~8 月，果期 7~9 月。

生　境： 栽植于田地、公园、庭院。

用　途： 全草可入药，嫩茎叶可食用。

翠湖湿地： 极少见，见于荒地。

205 皱果苋 | 绿苋

Amaranthus viridis

苋科 | 苋属

Amaranthaceae | *Amaranthus*

形态特征： 一年生草本。全株无毛。茎直立，有不明显棱角，稍有分枝，绿色或带紫色。叶片卵形至卵状矩圆形，长 2~9cm，先端尖凹或凹缺，稀圆钝，具芒尖，基部宽楔形或近平截，全缘或微波状，叶面常有一"Ｖ"字形白斑。圆锥花序顶生，由穗状花序组成，圆柱形，直立；苞片和小苞片披针形，顶端具突尖；花被片绿色，果时变灰褐色；雄蕊比花被片短。胞果扁球形，绿色，不裂，表面极皱缩，超出花被片。花期 6~9 月，果期 7~10 月。

生　境： 田边、路旁、荒地。

用　途： 全草可入药，嫩茎叶可食用，茎叶可作饲料。

翠湖湿地：常见，见于林缘、荒地、草地。

206 藜 | 灰灰菜

Chenopodium album

苋科 | 藜属

Amaranthaceae | *Chenopodium*

形态特征： 一年生草本。茎直立，粗壮，有条纹，多分枝。叶有长柄，叶菱状卵形或宽披针形，长3~6cm，宽2.5~5cm，先端尖或微钝，基部楔形，边缘有不整齐的锯齿，下面生粉粒，灰绿色。花两性；常数个团集，穗状花序排成圆锥状；花被扁球形或球形，5深裂，裂片宽卵形或椭圆形，背面具纵脊，先端钝或微凹，边缘膜质；雄蕊5，外伸。胞果果皮与种子贴生，双凸镜状，边缘钝，黑色，有光泽，具浅沟状纹饰。花期7~10月，果期8~11月。

生　境： 房前屋后、路旁、田边、草丛。

用　途： 全株可作野菜食用，但不能多食。

翠湖湿地： 常见，见于林下、路旁、荒地、草地。

207 **小藜** ┃ 灰菜

Chenopodium ficifolium

苋科 ┃ 藜属

Amaranthaceae ┃ *Chenopodium*

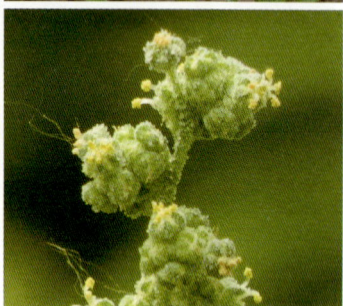

形态特征： 一年生草本。茎直立，高50cm，具条棱及色条。叶卵状长圆形，长2.5~5cm，宽1~3.5cm，常3浅裂，中裂片两边近平行，先端钝或急尖并具短尖头，边缘具深波状锯齿；侧裂片位于中部以下，通常各具2浅裂齿。花两性；数个团聚，排列于上部的枝上形成较开展的顶生圆锥状花序；花被近球形，5深裂，裂片宽卵形，不开展，背面具纵脊并有蜜粉；雄蕊5，外伸。胞果包在花被内，果皮与种子贴生。花期4~6月，果期5~7月。

生　境： 田间、荒地、道旁。

用　途： 全草可入药。

翠湖湿地： 较常见，见于荒地。

208 灰绿藜

Oxybasis glauca

苋科 | 市藜属

Amaranthaceae | *Oxybasis*

形态特征： 一年生草本。茎平卧或外倾，具条棱及绿色或紫红色色条。叶矩圆形，长2~4cm，宽6~20mm，肉质，先端急尖或钝，基部渐狭，边缘有波状齿，上面无粉，平滑，下面有粉而呈灰白色，有稍带紫红色；中脉明显，黄绿色。花两性兼有雌性，通常数花聚呈团伞花序，再于分枝上排列呈有间断而通常短于叶的穗状或圆锥状花序；花被裂片3~4，浅绿色；雄蕊1~2。胞果顶端露出于花被外，果皮膜质，黄白色。花期6~9月，果期6~10月。

生　境： 水边、田边、盐碱地。

用　途： 可改良土壤性质。

翠湖湿地： 较常见，见于荒地。

209 垂序商陆 | 美国商陆

Phytolacca americana

商陆科 | 商陆属

Phytolaccaceae | *Phytolacca*

形态特征： 多年生草本。植株高大，可达 2m。茎直立，圆柱形，常带紫红色。叶片椭圆状卵形或卵状披针形，长 9~18cm，宽 5~10cm，先端尖，基部楔形；叶柄长 1~4cm。总状花序顶生或与叶对生，长 5~20cm，纤细，花较稀少；花梗长 6~8mm；花淡粉色或白色，微带红晕，花被片 5；雄蕊、心皮及花柱均为 10，心皮连合。

果序下垂，浆果扁球形，熟时紫黑色。种子圆肾形，直径 3mm，黑褐色。花期 6~9 月，果期 7~10 月。

生　境： 房前屋后、山路旁。

用　途： 全株有大毒勿食，可作农药。

翠湖湿地： 常见，见于林下、灌丛、路旁、荒地。

210	马齿苋	马齿菜	马齿苋科	马齿苋属
	Portulaca oleracea		Portulacaceae	*Portulaca*

马齿苋科 Portulacaceae

马齿苋 *Portulaca oleracea*

形态特征： 一年生草本。全株无毛。茎匍匐，多分枝，圆柱形，长 10~15cm，淡绿或带暗红色。叶互生或近对生；叶片倒卵形，长 1~3cm，扁平肥厚，先端钝圆或平截，基部楔形，全缘；叶面暗绿色，叶背淡绿或带暗红色；叶柄粗短。花 3~5 朵顶生，每天午时开放一朵，径 4~5mm；无花梗；萼片 2，对生，绿色，盔形；花瓣 5，黄色，长 3~5mm，基部连合；雄蕊 8 或更多，花药黄色。蒴果圆锥形，盖裂。花期 6~9 月，果期 7~10 月。

生　境： 田边、路旁。

用　途： 全草可入药，可作兽药和农药，嫩茎叶可食用，也可作饲料。

翠湖湿地： 常见，见于林下、林缘、路旁。

217

211 凤仙花 | 指甲草
Impatiens balsamina

凤仙花科 | 凤仙花属

Balsaminaceae | *Impatiens*

形态特征： 一年生草本。茎粗壮肉质，直立，不分枝或有分枝，无毛或幼时被疏柔毛。叶互生披针形或倒披针形，先端尖，基部楔形，边缘具尖锯齿，叶柄两侧具数对具柄腺体。花单生或 2~3 朵簇生于叶腋，无总花梗，白色、粉红色或紫色；花萼距向下弯曲，2 侧片宽卵形，疏生柔毛；旗瓣圆形，先端微凹，翼瓣具短柄，倒卵状长圆形，先端 2 浅裂，外缘近基部具小耳。蒴果宽纺锤形，两端尖，密被柔毛，熟时弹裂。花期 7~9 月，果期 8~10 月。

生　　境： 栽植于公园、庭院。

用　　途： 花及叶可染指甲，茎及种子可入药。

翠湖湿地： 不常见，见于路旁。

212	点地梅 ┃ 喉咙草、铜钱草	报春花科 ┃ 点地梅属
	Androsace umbellata	Primulaceae ┃ *Androsace*

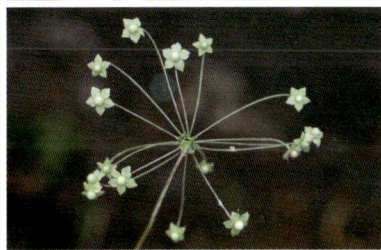

形态特征： 一年生或二年生草本。全株被细柔毛。叶全部基生，叶片近圆形或卵圆形，直径0.5~2cm，基部浅心或近圆，被贴伏柔毛，先端钝圆，边缘具三角状裂齿；叶柄长1~2cm，被柔毛。花葶数条自基部抽出，被柔毛；伞形花序有花4~15朵；花梗纤细，近等长；花萼5深裂，裂片卵形，有明显纵脉3~6条；花冠白色，有时带粉色，漏斗状，喉部黄色，5裂；雄蕊着生于花冠筒中部，内藏。蒴果近球形，近膜质。花期4~5月，果期5~6月。

生　境： 林缘、草地、田边。

用　途： 全草可入药。

翠湖湿地： 常见，见于林缘、路旁、草地。

213	罗布麻 ┃ 茶叶花	夹竹桃科 ┃ 罗布麻属
	Apocynum venetum	Apocynaceae ┃ *Apocynum*

形态特征：多年生草本或亚灌木。植株具乳汁。枝条对生或互生，紫红色或淡红色。叶对生；叶片椭圆状披针形至卵圆状长圆形，长 1~5cm，宽 0.5~1.5cm，叶缘具细牙齿。圆锥状聚伞花序通常顶生，有时腋生；花萼 5 深裂，裂片披针形；花冠紫红或粉红色，筒钟状，5 裂，裂片卵圆状长圆形；雄蕊 5。蓇葖果 2，叉生，下垂，长角状，长 8~20cm，直径 2~3mm。种子多数，卵球形或椭圆形，黄褐色，顶端有白毛。花期 6~8 月，果期 7~9 月。

生　　境：水边、河滩盐碱地。

用　　途：可作纤维材料，嫩叶蒸炒揉制后可当茶叶饮用。

翠湖湿地：不常见，见于路旁。

214 斑种草

Bothriospermum chinense

紫草科 | 斑种草属

Boraginaceae | *Bothriospermum*

形态特征： 二年生草本。全株密生开展或向上的硬毛。茎数条丛生，直立或斜升，中部以上分枝或不分枝。基生叶匙形或倒披针形，长3~12cm，宽1~1.5cm，边缘皱波状；茎生叶椭圆形，较小，无柄或具短柄。聚伞总状花序，5~15cm；苞片卵形或窄卵形，花梗短；花萼裂至近基部，裂片披针形，被毛；花冠淡蓝色，裂片近圆形，喉部有5个半圆形附属物，先端2深裂。小坚果肾形，腹面有椭圆形的横凹陷。花期3~5月，果期5~6月。

生　　境： 路旁、山坡、草丛、林下。

用　　途： 全草可入药。

翠湖湿地： 常见，见于林下、路旁、草地。

215 弯齿盾果草

Thyrocarpus glochidiatus

紫草科 | 盾果草属

Boraginaceae | *Thyrocarpus*

形态特征： 一年生或二年生草本。茎细弱，斜升或外倾，常自下部分枝，有伸展的长硬毛和短糙毛。基生叶匙形或窄倒披针形，长 2~7cm，宽 0.3~1.4cm，两面被具基盘硬毛；茎生叶较小，无柄，卵形至狭椭圆形。花序长可达 15cm；苞片卵形至披针形；花萼裂片狭椭圆形至卵状披针形，先端钝，两面被毛；花冠淡蓝色，喉部附属物半月形；雄蕊 5，着生花冠筒中部，内藏。小坚果有 1 层篦状牙齿，齿端内弯。花期 4~5 月，果期 5~7 月。

生　境： 山坡草地、田埂、路旁。

用　途： 全草可入药。

翠湖湿地： 常见，见于林缘、路旁、草地。

216	附地菜 ┃ 地胡椒	紫草科 ┃ 附地菜属
	Trigonotis peduncularis	Boraginaceae ┃ *Trigonotis*

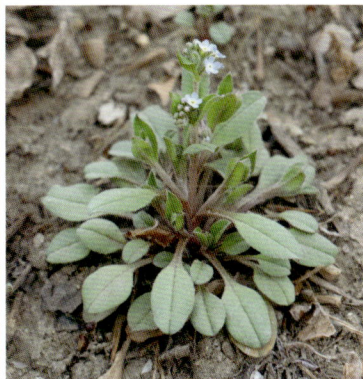

紫草科 Boraginaceae

附地菜 *Trigonotis peduncularis*

形态特征： 一年生或二年生草本。茎通常多条丛生，密集，铺散，基部多分枝，密被短糙伏毛。基生叶卵状椭圆形或匙形，长2~3cm，宽0.5~1cm，两面被糙伏毛，具柄；茎生叶长圆形或椭圆形，具短柄或无柄。镰状聚伞花序顶生，果期伸长；花萼5深裂至中下部，裂片卵形，先端渐尖或尖；花冠小，淡蓝或淡紫红色，冠筒极短，裂片倒卵形，开展，喉部附属物5，白或带黄色。小坚果四面体形，被毛，稀无毛。花期3~5月，果期4~6月。

生　境： 田间、林缘、路旁、草地。

用　途： 全草可入药，嫩叶可食用。

翠湖湿地： 常见，见于林缘、路旁、草地。

217 挂金灯 | 姑娘儿、酸浆
Alkekengi officinarum var. *franchetii*

茄科 | 酸浆属
Solanaceae | *Alkekengi*

形态特征：多年生草本。茎直立，茎节膨大。叶在茎下部互生，在上部呈假互生，长卵形、宽卵形或菱状卵形，长 5~15cm，宽 2~8cm，基部偏斜，全缘、波状或有粗齿，有柔毛。花单生于叶腋，俯垂；花萼钟状，花萼除裂片密生毛，外筒部毛被稀疏，果萼毛被脱落而光滑无毛；花冠辐状，白色，外面有短柔毛。浆果球形，橙红色，直径 1~1.5cm，包于膨大的宿萼中，宿萼卵形，长 3~4cm，熟时红色。花期 7~8 月，果期 9~11 月。

生　境：田野、沟边、山坡草地、林下或路旁水边。

用　途：果实可入药，可食用。

翠湖湿地：常见，见于林缘、路旁、荒地。

| 218 | 小酸浆 ｜ 毛苦蘵 | 茄科 ｜ 洋酸浆属 |
| | *Physalis minima* | Solanaceae ｜ *Physalis* |

形态特征： 一年生草本。主轴短缩，顶端多二歧分枝，分枝披散而卧于地上或斜升，被短柔毛。叶柄细弱，长1~1.5cm；叶片卵形或卵状披针形，顶端渐尖，基部歪斜楔形，全缘而波状或有少数粗齿，两面脉上有柔毛。花梗细弱，长约5mm，被短柔毛；花萼钟状，裂片三角形，缘毛密；花冠黄色，长约5mm；花药黄白色。果梗细瘦，长不及1cm，俯垂；果萼近球状或卵球状。浆果球形。花期6~8月，果期7~9月。

生　　境： 山坡、路旁。

用　　途： 全株可入药。

翠湖湿地： 较常见，见于路旁、荒地。

219 木龙葵 | 白花仔草

Solanum scabrum

茄科 | 茄属

Solanaceae | *Solanum*

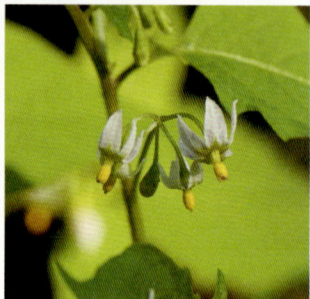

形态特征： 一年生草本。茎直立，上部多分枝，扁或四棱形，枝沿棱角下延成狭翅，翅上具齿。叶卵形至菱状卵形，先端尖，基部楔形下延到叶柄，边缘浅波状，具缘毛；叶柄具狭翅。伞状聚伞花序腋外生，具微柔毛，花较多或仅3~5朵，总花梗长约1~2.5cm，因总轴的极端紧缩而几相互靠接，花小，白色，有时为红色；萼杯状；外面被微柔毛，萼齿5枚，三角状卵形，先端钝，花冠筒隐于萼内。浆果球状，黑色。花期5~10月，果期6~11月。

生　境： 路旁、沟谷阴湿处。

用　途： 可入药，可食用。

翠湖湿地： 常见，见于林缘、路旁、荒地。

车前 ｜ 蛤蟆草	车前科 ｜ 车前属
Plantago asiatica	Plantaginaceae ｜ *Plantago*

车前科 Plantaginaceae

车前 *Plantago asiatica*

形态特征： 二年生或多年生草本。具须根系，根茎短，稍粗。叶基生呈莲座状，叶片薄纸质或纸质，宽卵形或宽椭圆形，长 3~10cm，宽 2.5~6cm，先端钝圆或急尖，边缘波状、全缘或中部以下具齿，基部宽楔形或近圆，多少下延，两面疏生短柔毛；叶柄长 2~10cm。穗状花序 3~10 个，长 5~15cm，细圆柱状，粗短，花具短梗；花冠白色，花冠筒与萼片近等长。蒴果纺锤状卵形、卵球形或圆锥状卵形，长 3~4.5mm，于基部上方周裂。花期 6~9 月，果期 7~10 月。

生　境： 草地、沟边、田边、路旁。

用　途： 全草可入药，幼苗叶可食用。

翠湖湿地： 常见，见于路旁、荒地。

221 平车前 | 车前草

Plantago depressa

形态特征： 一年或二年生草本。具直根系，根茎短。叶基生呈莲座状，纸质，椭圆形或卵状披针形，长 4~10cm，宽 1~3cm，先端急尖或微钝，基部楔形，下延至叶柄，边缘具不规则锯齿，纵脉 5~7 条，两面疏生白色短柔毛；叶柄长 2~6cm。花葶数条，弧曲，穗状花序 3~10 个，长 5~18cm，疏生白色短柔毛；花冠白绿色，花冠筒等长或稍长于萼片；雄蕊稍超出花冠；蒴果卵状椭圆形至圆锥状卵形，于基部上方周裂。花期 5~9 月，果期 6~10 月。

生　境： 草地、河滩、沟边、田间、路旁。

用　途： 全草可入药。

翠湖湿地： 常见，见于路旁、荒地。

大车前 | 钱贯草

Plantago major

车前科 | 车前属

Plantaginaceae | *Plantago*

形态特征： 二年或多年生草本。具须根系，根茎粗短。叶基生呈莲座状，草质或纸质，宽卵形或宽椭圆形，长 5~30cm，先端钝尖或急尖，边缘波状，疏生不规则锯齿或近全缘，纵脉 5~7 条；叶柄长 3~10cm，基部鞘状，常被毛。穗状花序 1 至数个，细圆柱状，长 3~40cm；花冠白色，花冠筒等长或稍长于萼片，裂片披针形或窄卵形，花后反折；雄蕊与花柱明显外伸。蒴果近球形、卵球形，于中部或稍低处周裂；花期 6~9 月，果期 7~10 月。

生　境： 草地、河滩、沟边、田边、水边。

用　途： 全草可入药，幼苗和嫩茎可供食用。

翠湖湿地： 较常见，见于路旁、水边、荒地。

223 阿拉伯婆婆纳 | 波斯婆婆纳

Veronica persica

车前科 | 婆婆纳属

Plantaginaceae | *Veronica*

形态特征： 一年生草本。茎铺散，多分枝，密生两列柔毛。叶 2~4 对，具短柄，卵形或圆形，长 6~20mm，宽 5~18mm，边缘具钝齿，两面疏生柔毛。总状花序顶生，苞片互生，与叶同形且几乎等大；花梗长于苞片，有的超过 1 倍；花萼花期长 3~5mm，果期增大，裂片卵状披针形，有睫毛，三出脉；花冠蓝色、紫色或蓝紫色，长 4~6mm，裂片卵形至圆形，喉部疏被毛；雄蕊短于花冠。蒴果肾形，被腺毛，网脉明显。花期 5~9 月，果期 6~10 月。

生　境： 路旁、草丛、花坛。

用　途： 全草可入药。

翠湖湿地： 常见，见于路旁、林缘、草地。

224	穗花 ┃ 穗花婆婆纳	车前科 ┃ 兔尾苗属
	Pseudolysimachion spicatum	Plantaginaceae ┃ *Pseudolysimachion*

车前科 Plantaginaceae

穗花 *Pseudolysimachion spicatum*

形态特征: 多年生草本。茎直立或上升,不分枝,下部常密生伸直的白色长毛,上部至花序各部密生黏质腺毛,茎灰色或灰绿色。叶对生,边缘具圆齿或锯齿;茎基部的叶长矩圆形,长2~8cm,宽0.5~3cm;中部及上部的叶为椭圆形至披针形,顶端急尖,无柄或具短柄。花序长穗状;花冠紫色或蓝色,筒部占1/3长,裂片稍开展,后方一枚卵状披针形,其余3枚披针形;雄蕊略伸出。幼果球状矩圆形,上半部被多细胞长腺毛。花期6~8月。

生　　境: 栽植于庭院、公园。

用　　途: 可供观赏。

翠湖湿地: 不常见,见于绿地内。

225 角蒿 | 羊角蒿

Incarvillea sinensis

紫葳科 | 角蒿属

Bignoniaceae | *Incarvillea*

形态特征： 一年至多年生草本。茎圆柱形，有条纹。茎下部的叶对生，分枝上的叶互生，二至三回羽状细裂，形态多变异，长 4~6cm，羽片 4~7 对，末回裂片线状披针形。顶生总状花序，疏散，长达 20cm，有 4~18 多花；花萼钟状，5 裂，被毛，基部膨胀；花冠二唇形，紫红色，钟状漏斗形，基部细筒长约 4cm，径 2.5cm，花冠裂片圆形或凹入；雄蕊 4 枚。蒴果淡绿色，细圆柱形，先端渐尖，呈角状，长 3.8~11cm。花期 6~7 月，果期 8~9 月。

生　境： 村边、山坡路旁、灌草丛中。

用　途： 全草可入药，茎叶可食用。

翠湖湿地：不常见，见于路旁、荒地。

226	**五彩苏** ǀ 彩叶草	唇形科 ǀ 鞘蕊花属
	Coleus scutellarioides	Lamiaceae ǀ *Coleus*

唇形科 Lamiaceae

五彩苏 *Coleus scutellarioides*

形态特征：多年生草本。茎通常紫色，四棱形，被微柔毛，具分枝。叶膜质，其大小、形状及色泽变异很大，通常卵圆形，长 4~12.5cm，宽 2.5~9cm，边缘具圆齿，叶有黄、暗红、紫色或绿色，两面被微柔毛，下面常散布红褐色腺点；叶柄长 1~5cm，扁平，被微柔毛。轮伞花序具多花，组成圆锥花序，长 5~25cm；花冠紫或蓝色，被微柔毛，冠筒骤下弯，冠檐二唇形，上唇短，直立，下唇内凹。小坚果宽卵圆形或圆形，褐色，具光泽。花期 7 月。

生　境：栽植于公园、庭院。

用　途：可供观赏。

翠湖湿地：常见，见于路旁。

227 活血丹 | 连钱草
Glechoma longituba

唇形科 | 活血丹属
Lamiaceae | *Glechoma*

形态特征： 多年生草本。具匍匐茎，上升，逐节生根；茎四棱形，基部呈淡紫红色，幼嫩部分被疏长柔毛。叶草质，心形，长 1.8~2.6cm，边缘具圆齿，被毛，下面带淡紫色；叶柄长为叶片的 1.5 倍，被长柔毛。轮伞花序少花；花萼管状，外被长柔毛；花冠淡蓝至紫色，下唇具深色斑点，冠筒直立，上部膨大呈钟形；冠檐二唇形，上唇2 裂，裂片近肾形，下唇中裂片肾形，侧裂片长圆形。小坚果长圆状卵形，深褐色。花期5~6 月，果期 7~8 月。

生　境： 沟谷、水边。

用　途： 全草可入药。

翠湖湿地：常见，见于路旁。

228 夏至草 | 夏枯草

Lagopsis supina

唇形科 | 夏至草属

Lamiaceae | *Lagopsis*

形态特征： 多年生草本。茎四棱形，具沟槽，带淡紫色，密被微柔毛。基生叶具长柄，圆形，径 1.5~2cm，3 浅裂或深裂，裂片具圆齿，上面疏被微柔毛，沿脉被长柔毛，具缘毛；基生叶秋季远较春季宽大，3 裂不达中部。轮伞花序疏花，径约 1cm，小苞片稍短于萼筒，弯刺状，密被微柔毛；花萼管状钟形，密被微柔毛，萼齿三角形；花冠白色，被绵状长柔毛，二唇形，上唇全缘，下唇 3 裂。小坚果长卵形，褐色。花期 4~5 月，果期 5~6 月。

生　境： 田间、路旁、草丛中。

用　途： 全草可入药。

翠湖湿地： 常见，见于路旁、荒地、草地。

229 益母草 | 益母蒿
Leonurus japonicus

唇形科 | 益母草属
Lamiaceae | *Leonurus*

形态特征： 一年生或二年生草本。茎直立，多分枝，钝四棱形，微具槽，有倒向糙伏毛。叶掌状3裂，裂片再分裂，花序上的叶呈条状披针形，全缘、浅裂或具牙齿。轮伞花序腋生，具8~15朵花；苞片针刺状，密被伏毛；花萼管状钟形，外密被伏柔毛，具5刺状齿；花冠粉紫色，二唇形，上唇长圆形，直伸，外被白色长柔毛，下唇3裂，中裂片倒心形，下唇稍长于上唇，边缘反卷。小坚果长圆状三棱形，淡褐色，光滑。花期7~9月，果期8~10月。

生　境： 山坡、林缘、田边、路旁、草丛。
用　途： 全草可入药。
翠湖湿地：常见，见于林下、路旁、荒地。

| 230 | **地笋** \| 地参
Lycopus lucidus | 唇形科 \| 地笋属
Lamiaceae \| *Lycopus* |

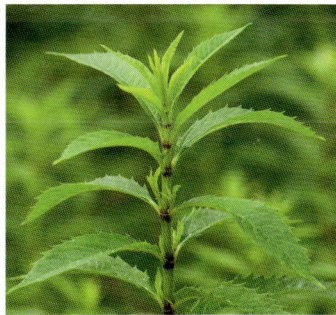

形态特征： 多年生直立草本。根茎横走，具节；茎直立，通常不分枝，四棱形，具槽，绿色，常于节上带紫红色。叶对生，长圆状披针形，长 3~9cm，宽 1.2~2.5cm，边缘具锐锯齿，下面被腺点；叶柄极短或近无。轮伞花序球形；小苞片卵形或披针形，刺尖，具小缘毛；花冠白色，长 5mm，冠檐被腺点，喉部被白色短柔毛，不明显二唇形，上唇近圆形，下唇 3 裂。小坚果倒卵球状四边形，褐色，背面平，腹面具棱。花期 7~9 月，果期 8~10 月。

生　境： 沼泽地、水边、沟边等潮湿处。

用　途： 可作药用，嫩叶、根茎可食用。

翠湖湿地： 较常见，见于水边、林缘。

231 薄荷 | 野薄荷

Mentha canadensis

唇形科 | 薄荷属

Lamiaceae | *Mentha*

形态特征: 多年生草本。有香气。茎直立,多分枝,锐四棱形,具四槽,上部被微柔毛。叶对生,长 3~5cm,宽 0.8~3cm,先端尖,卵状披针形或椭圆形,边缘有粗锯齿,两面被微柔毛,侧脉约 5~6 对;叶柄长 0.2~1cm,腹凹背突,被微柔毛。轮伞花序腋生,球形,花梗细,花萼管状钟形;花冠淡紫色或白色,长 4mm,外面略被微柔毛,冠檐 4 裂,近辐射对称,上裂片稍大。小坚果卵球形,黄褐色,具小腺窝。花期 7~9 月,果期 8~10 月。

生　境: 水边、沟边潮湿地。

用　途: 全草可入药,幼嫩茎尖可食用。

翠湖湿地: 不常见,见于林缘。

232	美国薄荷	唇形科	美国薄荷属
	Monarda didyma	Lamiaceae	*Monarda*

形态特征： 一年生直立草本。茎锐四棱形，具条纹，节及上部沿棱被长柔毛。叶卵状披针形，长达10cm，宽达4.5cm，具不整齐锯齿，上面疏被长柔毛，下面仅沿脉被长柔毛。轮伞花序多花，组成径达6cm的头状花序；苞片叶状，短于花序，被微柔毛；花萼管状，稍弯曲，长约1cm；花冠紫红色，长约为花萼2.5倍，被微柔毛；冠檐二唇形，上唇直立，稍外弯，下唇平展，3裂，中裂片较窄长，先端微缺；花柱超出雄蕊。花期7月。

生　境： 湿润的灌丛及林地。

用　途： 可作香料。

翠湖湿地： 不常见，见于路旁。

233 六座大山荆芥 | 六巨山荆芥

Nepeta × faassenii 'Six Hills Giant'

唇形科 | 荆芥属

Lamiaceae | *Nepeta*

唇形科 Lamiaceae

六座大山荆芥 *Nepeta × faassenii* 'Six Hills Giant'

形态特征: 多年生草本。全株有香气。茎四棱形,上部多分枝,具浅槽,被白色短柔毛。叶对生,卵形或三角状心形,边缘具圆粗齿。茎上部6个茎节各生两个二歧聚伞花序,组成顶生分枝圆锥花序;花萼管形,齿5;花冠筒冠檐二唇形,上唇2裂,下唇3裂,中裂片宽大,前端多裂,下垂。花冠淡紫色至深蓝紫色,喉部有紫色斑点,上、下唇被白色短柔毛。雄蕊4,前对较短,后对较长。小坚果三棱状卵圆形。花期5~10月。

生　境: 林缘、灌丛。

用　途: 全草可入药,常作芳香油及蜜源植物。

翠湖湿地: 常见,见于林缘、路旁。

234	紫苏 ┃ 白苏	唇形科 ┃ 紫苏属
	Perilla frutescens	Lamiaceae ┃ *Perilla*

唇形科 Lamiaceae

紫苏 *Perilla frutescens*

形态特征： 一年生直立草本。茎绿色或紫色，钝四棱形，具四槽，密被长柔毛。叶阔卵形或圆形，长 7~13cm，宽 4.5~10cm，具粗锯齿，两面绿色或紫色，或仅下面紫色，被柔毛；叶柄长 3~5cm，密被长柔毛。轮伞总状花序密被长柔毛；苞片宽卵形或近圆形，具短尖，无毛；花梗短，密被柔毛；花萼直伸，下部被长柔毛及黄色腺点，下唇较上唇稍长；花冠白色至紫红色，稍被微柔毛。小坚果近球形，灰褐色，具网纹。花期 8~10 月，果期 10~11 月。

生　境： 林下、草地、灌丛。

用　途： 可药用，可作香料用，叶可食用，种子可榨油。

翠湖湿地： 常见，见于林缘、路旁。

235	假龙头花 ┃ 芝麻花	唇形科 ┃ 假龙头花属
	Physostegia virginiana	Lamiaceae ┃ *Physostegia*

形态特征：多年生草本。茎四方形，丛生而直立。叶对生，披针形至长圆形，亮绿色，长7.5~13cm，边缘有锯齿，先端渐尖。穗状花序顶生，长20~30cm，花茎上无叶，苞片极小，花自下向上顺序开放，每轮有花2朵；花萼筒状钟形，5裂，近等长，有三角形锐齿；花冠二唇形，上唇发达，长于下唇，紫红色或粉红色，花筒长1.8~2.5cm，雄蕊4，后一对短；子房4深裂，花柱2裂。小坚果三棱形，平滑。花期6~9月，果期8~10月。

生　境：栽植于庭院、公园。

用　途：可供观赏。

翠湖湿地：较常见，见于绿地内。

| 236 | 林地鼠尾草 | 唇形科 | 鼠尾草属 |
| | *Salvia nemorosa* | Lamiaceae | *Salvia* |

唇形科 Lamiaceae

林地鼠尾草 *Salvia nemorosa*

形态特征： 多年生草本。茎四棱形，上面密被茸毛。叶对生，具柄，叶片长椭圆形或近披针形，叶面皱，先端尖，叶缘具圆钝锯齿，正面深绿色，背面淡绿色，主脉明显在背面突起。轮伞花序再组成穗状花序，长达 30~50cm；花萼筒形或钟形，5 裂；花冠二唇形，略等长，上唇向下弯曲呈弯镰形，下唇反折；雄蕊丁字形；花冠蓝紫色、粉红色。小坚果，光滑。花期 5~8 月，果期 7~9 月。

生　境： 山坡、路旁、水边。

用　途： 可入药，可作调味料，花可制作花茶。

翠湖湿地： 常见，见于山坡、路旁。

237	**荔枝草** ┃ 雪见草	唇形科 ┃ 鼠尾草属
	Salvia plebeia	Lamiaceae ┃ *Salvia*

唇形科 Lamiaceae

荔枝草 *Salvia plebeia*

形态特征： 一年生或二年生草本。茎直立，高15~90cm，粗壮，多分枝，被向下的灰白色疏柔毛。基生叶数枚，叶面极皱；茎生叶对生，叶椭圆状卵形或椭圆状披针形，具粗锯齿，长2~6cm，宽0.8~2.5cm，草质，叶面稍皱，被毛。轮伞花序6花，多数，密集呈顶生的总状或圆锥花序，密被柔毛；苞片披针形，细小；花萼钟形，被柔毛及稀疏黄褐色腺点；花冠淡粉色至蓝紫色，二唇形；雄蕊稍伸出。小坚果倒卵圆形，光滑。花期4~5月，果期5~6月。

生　境： 山坡、路旁、沟边、草地。

用　途： 全草可入药。

翠湖湿地：常见，见于山坡、路旁、草地。

238 并头黄芩

Scutellaria scordiifolia

唇形科 | 黄芩属

Lamiaceae | *Scutellaria*

形态特征： 多年生草本。茎直立，四棱形，常带紫色，近无毛或棱上疏被上曲柔毛。叶对生，具短柄，被小柔毛；叶片三角状狭卵形至披针形，长 1.5~3.8cm，宽 0.4~1.4cm，边缘具浅锐锯齿，下面沿脉上疏被小柔毛；侧脉约 3 对，上面凹陷，下面明显突起。花单生于茎上部叶腋内，偏向一侧；花萼具盾片，果时增大；花冠蓝紫色，长 2~2.2cm，外面被短柔毛；冠檐 2 唇形。小坚果椭圆形，黑色，具瘤状突起，腹面近基部具果脐。花期 6~7 月，果期 8~9 月。

生　境： 山坡、林缘、林下、草地或湿草甸。

用　途： 根茎可入药，叶可代茶用。

翠湖湿地： 较常见，见于山坡、草地。

唇形科 Lamiaceae

并头黄芩 *Scutellaria scordiifolia*

239 通泉草
Mazus pumilus

通泉草科 | 通泉草属

Mazaceae | *Mazus*

形态特征： 一年生草本，无毛或疏生短柔毛。茎直立或倾斜，多分枝。叶对生或互生，倒卵形或匙形，长 2~6cm，基部楔形，下延成带翅的叶柄，边缘有不规则粗齿。总状花序顶生，常在近基部即生花，伸长或上部呈束状，通常 3~20 朵，花稀疏；花梗在果期长达 1cm；花萼钟状，萼片与萼筒近等长；花冠白色、紫色或蓝色，长约 1cm，上唇短直，2 裂，裂片尖，下唇 3 裂，倒卵圆形；子房无毛。蒴果球形。花期 5~10 月，果期 6~11 月。

生　境： 湿润的草坡、山坡、路旁。

用　途： 全草可入药。

翠湖湿地： 较常见，见于路旁。

240 地黄 | 怀庆地黄

Rehmannia glutinosa

列当科 | 地黄属

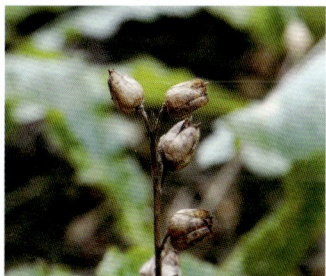

Orobanchaceae | *Rehmannia*

形态特征： 多年生草本。全株密被白色长毛。茎紫红色。叶多基生，呈莲座状；叶片倒卵状披针形，基部渐窄成柄，长 3~10cm，叶缘具钝锯齿；茎生叶少数，较小；叶脉在上面凹陷，下面隆起。总状花序顶生，由下而上渐小；萼齿 5，反折；花冠二唇形，长 3~4.5cm，上唇 2 裂片反折，下唇 3 裂片开展，外面紫红色至棕红色，内面黄紫色，花冠筒多少弓曲，外面被长柔毛；雄蕊 4，内藏。蒴果卵圆形，种子细小。花期 4~6 月，果期 5~7 月。

生　境： 村边、路旁、荒地、山坡、草丛。

用　途： 茎、根可入药。

翠湖湿地： 常见，见于林缘、林下、荒地。

241 桔梗 | 铃铛花

Platycodon grandiflorus

桔梗科 | 桔梗属

Campanulaceae | *Platycodon*

形态特征： 多年生草本。植株具白色乳汁。根胡萝卜状。茎直立，下部叶 3 枚轮生，上部叶互生，卵形，长 2~7cm，上面无毛而绿色，下面常无毛而有白粉，有时脉上有短毛，边缘具细锯齿，无柄或有极短的柄。花 1 至数朵生于分枝顶端；花萼无毛，被白粉，裂片 5，三角形；花冠阔钟形，长 1.5~4cm，蓝或紫色，5 浅裂，裂片开展。蒴果倒卵圆形，长 1~2.5cm，顶端 5 瓣裂。种子多数，熟后黑色。花期 7~8 月，果期 8~9 月。

生　境： 草丛、灌丛、林下。

用　途： 根可入药，可食用。

翠湖湿地： 常见，见于林下。

242	蓍 ∣ 千叶蓍	菊科 ∣ 蓍属
	Achillea millefolium	Asteraceae ∣ *Achillea*

形态特征： 多年生草本。茎直立，有细条纹，被白毛。叶无柄，披针形、长圆状披针形，长5~7cm，二至三回羽状全裂，回裂片多数，小裂片披针形或线形，先端具软骨质短尖，密生凹入腺体。头状花序多数呈复伞房状；总苞长圆形或近卵圆形，3层，覆瓦状排列，边缘膜质，棕或淡黄色，背面散生黄色亮腺点，上部被柔毛；舌状花5，近圆形，白、粉红或淡紫红色，先端2~3齿；盘花管状，黄色，具腺点。瘦果长圆形，淡绿色。花果期7~9月。

生　境： 湿草地、荒地及铁路沿线。

用　途： 全草可入药。

翠湖湿地： 不常见，见于路旁、草地。

243 黄花蒿 | 香蒿

Artemisia annua

菊科 | 蒿属

Asteraceae | *Artemisia*

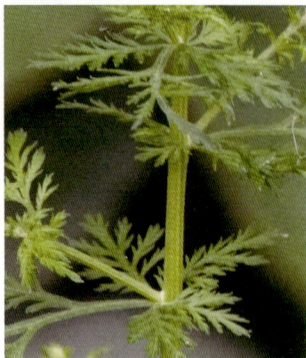

形态特征：一年生草本。植株有极浓烈香味。茎单生，有纵棱，幼时绿色，后变褐色或红褐色。叶互生，纸质，背面绿色；茎下部叶宽卵形或三角状卵形，长 4~7cm，三回羽状深裂，小裂片矩圆形，开展，顶端尖。头状花序球形，极多数，径 1.5~2.5mm，有短梗，排成总状或圆锥状；基部有线形小苞叶，总苞球形；小花管状，淡黄色，长不及 1mm，外层雌花 10~18，内层两性花 10~30。瘦果矩圆形，稍扁。花期 9~10 月，果期 10~11 月。

生　境：路旁、田边、草丛。

用　途：可入药，可制酒饼或制作酱的香料，可作牲畜饲料。

翠湖湿地：常见，见于林缘、路旁。

244 艾丨艾蒿
Artemisia argyi

菊科丨蒿属

Asteraceae | *Artemisia*

菊科
Asteraceae

艾
Artemisia argyi

形态特征： 多年生草本。植株有浓香。茎有少数短分枝，茎、枝被灰色蛛丝状柔毛。叶上面被灰白色柔毛，兼有白色腺点与小凹点，下面密被白色蛛丝状毛；基生叶具长柄；茎下部叶近圆形或宽卵形，羽状深裂，每侧裂片2~3；中部叶卵形、三角状卵形或近菱形，长5~8cm。头状花序椭圆形，径2.5~3mm，排成穗状或圆锥状；总苞椭圆形，背面密被灰白色蛛丝状绵毛，边缘膜质；小花紫红色。瘦果长卵圆形或长圆形。花期8~9月，果期9~10月。

生　境： 灌丛、山坡、路旁。

用　途： 全草可入药，可作房间消毒、杀虫药，叶可制艾条供艾灸用，可作印泥原料。

翠湖湿地： 常见，见于林下、林缘、路旁。

245 白莲蒿 | 铁杆蒿
Artemisia gmelinii

菊科 | 蒿属
Asteraceae | *Artemisia*

形态特征： 多年生草本或半灌木。茎多数，常组成小丛，褐色或灰褐色，具纵棱，下部木质。茎、枝初时被微柔毛，后下部脱落无毛，幼时有白色腺点，后腺点脱落，留有小凹穴。叶长卵形、三角状卵形或长椭圆状卵形，长 2~10cm，宽 2~8cm，背面灰白色，密被柔毛，二至三回羽状深裂。头状花序近球形，下垂，直径 2 ~ 3.5mm，排成圆锥状；总苞球形，3~4 层；小花管状；花柱线形，伸出花冠外。瘦果狭椭圆状卵形。花期 9~10 月，果期 10~11 月。

生　境： 山坡林缘、灌草丛。

用　途： 可入药，可作家畜饲料。

翠湖湿地： 常见，见于林缘、路旁。

246 蒙古蒿

Artemisia mongolica

菊科 | 蒿属

Asteraceae | *Artemisia*

形态特征： 多年生草本。茎少数或单生，分枝多。叶互生，叶形变异极大，二回羽状全裂或深裂，上面近无毛，下面除中脉被白色短茸毛；中下部叶卵形、近圆形或椭圆状卵形，长 6~10cm，上部叶渐小。头状花序多数，密集成狭长的圆锥状花序，直立，椭圆形，径 1.2mm；小苞叶线形，总苞矩圆形，总苞片 3~4 层，背面被灰白色蛛丝状毛；小花管状，黄绿色，上部带紫红色，雌花 5~10，两性花 8~15。瘦果长圆状倒卵圆形。花期 9~10 月，果期 10~11 月。

生　境： 田边、山坡、路旁、灌草丛。

用　途： 可入药，可作家畜饲料，可作纤维与造纸原料。

翠湖湿地： 常见，见于林缘、路旁。

247 大籽蒿
Artemisia sieversiana

菊科 ｜ 蒿属

Asteraceae ｜ *Artemisia*

形态特征： 二年至多年生草本。茎单生，纵棱明显，分枝多；茎、枝被灰白色微柔毛。下部与中部叶宽卵形或宽卵圆形，两面被微柔毛，长4~13cm，有长柄，二至三回羽状深裂，小裂片线形或线状披针形；上部叶浅裂或不裂，条形。头状花序大，多数排成圆锥花序，下垂；总苞半球形，总苞片4~5层；花序托突起，半球形，有白色托毛；小花管状，黄色，极多数，外层雌性，内层两性。瘦果长圆形，无冠毛。花期7~8月，果期8~9月。

生　境： 田边、山坡路旁、荒地、灌草丛。

用　途： 可入药，可作家畜饲料。

翠湖湿地： 常见，见于林缘、路旁、荒地。

248	阿尔泰狗娃花 ┃ 阿尔泰紫菀	菊科 ┃ 紫菀属
	Aster altaicus	Asteraceae ┃ *Aster*

菊科 Asteraceae

阿尔泰狗娃花 *Aster altaicus*

形态特征： 多年生草本。茎斜升或直立，被毛，上部常有腺从基部分枝，上部有少数分枝。叶条形，长 2~4.5cm，全缘或有疏浅齿，被糙毛，常有腺点，开展。头状花序单生枝端或排成伞房状；总苞半球形，径 0.8~1.8cm，边缘膜质，被腺点及毛；舌状花 15~20 个，舌片浅蓝紫色；管状花黄色；全部小花冠毛同型，均较长。瘦果扁，倒卵状长圆形，灰绿或浅褐色，被毛，冠毛污白或红褐色，有不等长微糙毛。花期 5~9 月，果期 6~10 月。

生　境： 山坡、林缘、林下、路旁。

用　途： 全草可入药。

翠湖湿地： 常见，见于林下、林缘、路旁。

249	三脉紫菀丨三褶脉紫菀	菊科丨紫菀属
	Aster ageratoides	Asteraceae｜*Aster*

形态特征： 多年生草本。茎被柔毛或粗毛。叶宽卵圆形至长圆状披针形互生，长 5~15cm，宽 1~5cm，纸质，被毛，下面常有腺点，离基 3 出脉，边缘具 3~7 对粗齿。头状花序径 1.5~2cm，在枝端排成伞房或圆锥伞房状；总苞倒锥状或半球状，总苞片 3 层，覆瓦状排列，线状长圆形，上部绿或紫褐色，有缘毛；舌状花管部长 2mm，舌片线状长圆形，白色或紫色；管状花黄色，长 4.5~5.5mm。瘦果冠毛污白色。花期 8 ~ 10 月，果期 9 ~ 10 月。

生　境： 林下、沟谷、灌丛。

用　途： 全草可入药。

翠湖湿地： 较常见，见于林缘。

250	全叶马兰 | 全叶鸡儿肠	菊科 | 紫菀属
	Aster pekinensis	Asteraceae | *Aster*

菊科 Asteraceae

全叶马兰 *Aster pekinensis*

形态特征： 多年生草本。有长纺锤状直根。茎直立，单生或数个丛生，被毛，中部以上有近直立的帚状分枝。叶互生，线状披针形、倒披针形或长圆形，长1.5~4cm，全部叶下面灰绿，两面密被粉状短茸毛；基部渐窄无柄，全缘，边缘稍反卷。头状花序在枝顶排成疏伞房状；总苞半球形，径7~8mm，3层，草质；舌状花1层，管部有毛，舌片淡紫色，长1.1cm；管状花黄色。瘦果倒卵形，冠毛极短，易脱落。花期7~8月，果期8~9月。

生　境：山坡、灌草丛、路旁。

用　途：可作饲料。

翠湖湿地：较常见，见于林缘、路旁。

251 婆婆针 | 刺针草

Bidens bipinnata

菊科 | 鬼针草属

Asteraceae | *Bidens*

形态特征： 一年生草本。茎直立，下部略具四棱，无毛或上部被稀疏柔毛。叶对生，长 5~14cm，二回羽状深裂，顶生裂片窄，先端渐尖，边缘疏生不规则细齿，两面疏被柔毛，具柄。头状花序径 6~10mm；总苞杯形，基部有柔毛，外层总苞片 5~7，线形，草质；舌状花黄色，1~5 朵，不育，椭圆形或倒卵状披针形；管状花黄色，结实。

瘦果条形，具瘤状突起及小刚毛，冠毛芒状，3~4 枚，可依附于动物身上传播。花期 8~9月，果期 9~10 月。

生　　境： 路旁、荒地、山坡、田间。

用　　途： 全草可入药。

翠湖湿地：常见，见于路旁、荒地。

252 金盏银盘

Bidens biternata

菊科 | 鬼针草属

Asteraceae | *Bidens*

形态特征： 一年生草本。茎直立，略具四棱。叶为一回羽状复叶，顶生小叶卵形至长圆状卵形，长 2~7cm，两面被柔毛，侧生小叶 1~2 对，卵形或卵状长圆形。头状花序径 7~10mm；总苞基部有短柔毛，外层苞片 8~10 枚，草质，条形，背面被毛；舌状花通常 3~5 朵，淡黄色，长椭圆形，长约 4mm，先端 3 齿裂，或有时无舌状花；管状花长 4~5.5mm。瘦果条形，黑色，具四棱，两端稍狭，顶端芒刺 3~4 枚，具倒刺毛。花果期 9~11 月。

生　境： 路旁、村旁、荒地。

用　途： 全草可入药。

翠湖湿地： 常见，见于路旁、荒地。

253 大狼耙草 | 接力草

Bidens frondosa

菊科 | 鬼针草属

Asteraceae | *Bidens*

形态特征: 一年生草本。茎直立,分枝,常带紫色。叶对生,具柄,一回羽状复叶,小叶 3~5 枚,披针形,长 3~10cm,先端渐尖,边缘有粗锯齿。头状花序单生茎端和枝端,连同总苞苞片径 1.2~2.5cm;总苞钟状或半球形,外层苞片 5~10 枚,通常 8 枚,披针形或匙状倒披针形,叶状,内层苞片长圆形,膜质,具淡黄色边缘;花黄色,全为管状花两性,5 裂。瘦果扁平,狭楔形,顶端芒刺 2 枚,有倒刺毛。花期 7~9 月,果期 9~10 月。

生 境: 田野湿润处、水边、河滩。

用 途: 全草可入药。

翠湖湿地: 常见,见于路旁、荒地。

| 254 | 翠菊 ┃ 江西蜡 | 菊科 ┃ 翠菊属 |
| | *Callistephus chinensis* | Asteraceae ┃ *Callistephus* |

菊科 *Asteraceae*

翠菊 *Callistephus chinensis*

形态特征： 一年生或二年生草本。茎直立，单生，有纵棱，被白色糙毛。叶互生，卵形或匙形，长 2.5~6cm，边缘有不规则粗锯齿，两面疏被硬毛。头状花序单生茎顶，径 6~8cm；总苞半球形，总苞片 3 层，近等长，外层总苞片叶状，边缘有白色糙毛；外围雌花舌状 1 层，栽培品种为多层，红、淡红、蓝、黄或淡蓝紫色，长 2.5~3.5cm；中央有筒状两性花，黄色，辐射对称。瘦果稍扁，被柔毛，冠毛两层，外层短，易脱落。花期 7~9 月，果期 8~9 月。

生　境： 栽植于公园、庭院。

用　途： 可入药，可供观赏。

翠湖湿地： 较常见，见于林下。

261

255 石胡荽 | 鹅不食草

Centipeda minima

菊科 | 石胡荽属

Asteraceae | *Centipeda*

形态特征： 一年生草本。茎多分枝，匍匐状。叶互生，楔状倒披针形，长0.7~1.8cm，先端钝，基部楔形，边缘有少数锯齿，无毛或下面微被蛛丝状毛。头状花序小，扁球形，单生于叶腋；无总状花梗；总苞半球形，绿色，边缘透明膜质；花杂性，黄绿色，全部为管状；外围雌花多层，花冠细，淡绿黄色，2~3微裂；中央的两性花，4深裂，淡紫红色，下部有明显的窄管。瘦果椭圆形，具4棱，棱有长毛，无冠状冠毛。花期5~10月，果期6~10月。

生　境： 路旁、荒野阴湿地。

用　途： 可入药。

翠湖湿地：常见，见于路旁、荒地。

256 甘菊 | 野菊花

Chrysanthemum lavandulifolium

菊科 | 菊属

Asteraceae | *Chrysanthemum*

形态特征： 多年生草本。有地下匍匐茎，密被柔毛，下部毛渐稀至无毛。叶互生，叶大而质薄，轮廓卵形或宽卵形，长 2~5cm，宽 1.5~4.5cm，二回羽状分裂，一回全裂或几全裂，二回为半裂或浅裂。头状花序多数，径 2~4cm，在茎枝顶端排成复伞房花序；总苞浅碟状，径 5~7mm，总苞片 4 层，边缘棕褐或黑褐色宽膜质；舌状花与管状花均为黄色，舌状花舌片椭圆形，端全缘或 2~3 个不明显的齿裂。瘦果长约 1.2~1.5mm，无冠毛。花期 9~10 月，果期 10~11 月。

生　境： 山坡、林缘、灌草丛。

用　途： 可供观赏。

翠湖湿地： 常见，见于林缘、路旁。

257 刺儿菜 | 小蓟、曲曲菜
Cirsium arvense var. *integrifolium*

菊科 | 蓟属
Asteraceae | Cirsium

形态特征: 多年生草本。有地下根状茎。茎直立,具纵沟棱,无毛或幼茎被蛛丝状毛,不分枝或上部有分枝。叶互生,倒披针形,长5~8cm,全缘或缺刻状齿,边缘有细刺,上面绿色,无毛,下面被毛,后脱落。头状花序单生茎端或排成伞房花序,单性,雌雄异株;雌株头状花序较大,总苞长1.6~2.5cm;雄株总苞长约18mm;总苞片多层,卵形,先端有刺尖;花全为管状,紫色。瘦果淡黄色,倒圆形,冠毛白色。花期4~6月,果期5~7月。

生　境: 房前屋后、田边、路旁、草丛。
用　途: 全草可入药,嫩茎叶可作饲料。
翠湖湿地: 常见,见于荒地、草丛中。

258	大刺儿菜	菊科｜蓟属
	Cirsium arvense var. *setosum*	Asteraceae ｜ *Cirsium*

形态特征： 多年生高大草本。茎直立，具纵沟棱。茎生叶互生，羽状分裂，边缘有细刺，下面密被白色茸毛，后脱落。头状花序多数，集生于枝端；总苞长卵形，较窄；花紫色。瘦果淡黄色，倒圆形，冠毛白色。花期 7~9 月，果期 9~10 月。

生　境： 水边、田边、河滩。

用　途： 可入药。

翠湖湿地： 常见，见于水边、荒地、草丛中。

259	**大花金鸡菊** | 大花波斯菊	菊科 | 金鸡菊属
	Coreopsis grandiflora	Asteraceae | *Coreopsis*

菊科 Asteraceae

大花金鸡菊 *Coreopis grandiflora*

形态特征： 多年生草本。茎直立，下部常有稀疏的糙毛，上部有分枝。叶对生，基部叶有长柄、披针形或匙形；下部叶羽状全裂，裂片长圆形；中部及上部叶 3~5 深裂，裂片线形或披针形，有细毛。头状花序单生于枝端，径 4~5cm，具长花序梗；总苞片外层较短，披针形，顶端尖，有缘毛，内层卵状披针形。舌状花 6~10 个，舌片宽大，黄色，长 1.5~2.5cm；管状花长 5mm，两性。瘦果椭圆形或近圆形，边缘具膜质宽翅，顶端具 2 短鳞片。花期 5~9 月。

生　境： 栽植于庭院、公园。

用　途： 可供观赏。

翠湖湿地： 常见，见于绿地内。

260	**秋英** ┃ 波斯菊、格桑花 *Cosmos bipinnatus*	菊科 ┃ 秋英属 Asteraceae ┃ *Cosmos*

菊科 Asteraceae

秋英 *Cosmos bipinnatus*

形态特征：一年生或多年生草本。茎直立，有分枝，无毛或稍被柔毛。叶二回羽状深裂。头状花序单生，径 3~6cm；花序梗长 6~18cm；总苞片外层披针形或线状披针形，近革质，淡绿色，具深紫色条纹，内层椭圆状卵形，膜质；舌状花紫红、粉红或白色，舌片椭圆状倒卵形，长 2~3cm；管状花黄色，长 6~8mm，管部短，上部圆柱形，有披针状裂片。瘦果黑紫色，长 0.8~1.2cm，无毛，上端具长喙，有 2~3 尖刺。花期 6~8 月，果期 9~10 月。

生　境：栽植于公园、庭院。

用　途：可供观赏。

翠湖湿地：常见，见于绿地内。

261 尖裂假还阳参 | 抱茎小苦荬

Crepidiastrum sonchifolium

菊科 | 假还阳参属

Asteraceae | *Crepidiastrum*

形态特征： 多年生草本。植株具白色乳汁。茎直立，单生。基生叶多数，莲座状，匙形至长椭圆形，长 3.5~8cm，边缘具锯齿或不规则羽裂；茎生叶较小，卵状矩圆形，基部心形或圆耳状抱茎，全缘或羽状分裂。头状花序多数，在茎枝顶端排成伞房状，有细梗；总苞圆柱状，总苞片 2~3 层，卵形至披针状长椭圆形；小花全为舌状，15~19 枚，黄色，先端 5 齿裂。瘦果黑色，纺锤形，有细条纹，冠毛白色，微糙毛状。花期 4~8 月，果期 5~9 月。

生　境： 房前屋后、山坡、路旁、林下。

用　途： 全草可入药。

翠湖湿地：常见，见于林下、路旁、荒地。

262	**松果菊**	紫锥菊	菊科	松果菊属
	Echinacea purpurea		Asteraceae	*Echinacea*

菊科 Asteraceae

松果菊 *Echinacea purpurea*

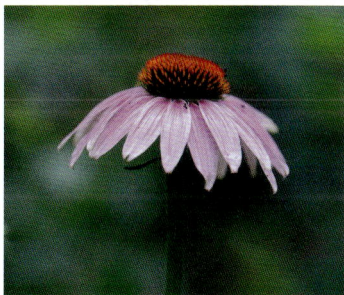

形态特征: 多年生草本。全株具粗毛,茎直立;茎叶密生硬毛。叶互生,卵形或卵状披针形,长 7~20cm,边缘具齿,有具翅的短柄或下部具窄边的长柄,叶柄基部稍抱茎。头状花序单生于枝顶,或多数聚生,花大,径达 10cm;花托突起为圆锥形或半球形;中央两性花为管状花,两性,橙黄色;外围为舌状花一轮,紫红色,中性,先端具 2 浅齿。瘦果,具 4 棱,冠毛为短的齿状冠。种子浅褐色,外皮硬。花果期 7~10 月。

生　境: 栽植于庭院、公园。

用　途: 可供观赏,可入药。

翠湖湿地: 常见,见于路旁、绿地内。

263 鳢肠 | 墨旱莲

Eclipta prostrata

菊科 | 鳢肠属

Asteraceae | *Eclipta*

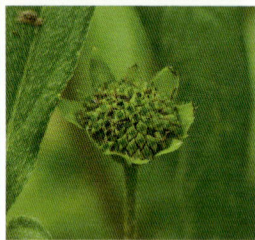

形态特征： 一年生草本。茎基部分枝，被贴生糙毛。叶对生，长圆状披针形或披针形，长 3~10cm，宽 0.5~2.5cm，边缘有细锯齿或波状，两面密被糙毛。头状花序腋生或顶生，径 6~8mm；总苞球状钟形，总苞片绿色，草质，5~6 枚排成 2 层，被白色伏毛；舌状花条形，舌片小，长 2~3mm，顶端 2 浅裂或全缘，白色；管状花两性，淡黄白色，裂片 4；花柱分枝钝，有乳头状突起。瘦果具棱，暗褐色，无冠毛。花期 6~9 月，果期 7~10 月。

生　境： 水边、路旁湿润处。

用　途： 全草可入药。

翠湖湿地： 常见，见于水边、路旁。

264	一年蓬 丨 千层塔	菊科 丨 飞蓬属
	Erigeron annuus	Asteraceae 丨 *Erigeron*

形态特征： 一年生或二年生草本。茎粗壮，上部被上弯短硬毛。叶互生，长圆状披针形或披针形，长 2~9cm，有齿或近全缘。头状花序数个或多数，排成疏圆锥花序；总苞半球形，总苞片 3 层，草质，披针形，长 3~5mm，近等长或外层稍短，淡绿色或褐色，背面密被腺毛和疏长节毛；外围雌花舌状，2 层，白色或淡天蓝色，顶端具 2 小齿，花柱分枝线形；中央两性花管状，黄色。瘦果披针形，长约 1.2mm，具冠毛。花期 6~9 月，果期 7~10 月。

生　境： 田边、路旁、草丛。

用　途： 全草可入药。

翠湖湿地： 常见，见于路旁、荒地、草地。

265

小蓬草 | 小飞蓬
Erigeron canadensis

菊科 | 飞蓬属
Asteraceae | *Erigeron*

形态特征： 一年生草本。根纺锤状，具纤维状根。茎直立，多少具棱，有条纹，被毛，上部多分枝。叶互生，条状披针形，长 6~10cm，边缘为锯齿，基部叶花期常枯萎。头状花序多数，小，径 3~4mm，排列呈顶生多分枝的大圆锥花序；总苞近圆柱状，总苞片 2~3 层，线状披针形或线形；雌花多数，舌状，白绿色，舌片小，稍超出花盘，线形，顶端具 2 个钝小齿；两性花淡黄色，花冠管状。瘦果线状披针形，被贴微毛。花期 6~10 月，果期 6~11 月。

生　境： 房前屋后、路旁、田边、草丛。

用　途： 幼株可作绿肥。

翠湖湿地： 常见，见于路旁、荒地、草地。

266 春飞蓬
Erigeron philadelphicus

菊科｜飞蓬属

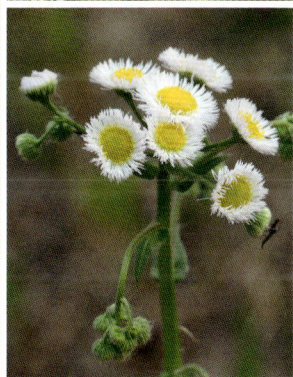

Asteraceae ｜ *Erigeron*

形态特征： 一年生或多年生草本。茎直立，全株被毛。单叶互生；基生叶莲座状，卵形，长 5~12cm，具粗齿；茎生叶半抱茎；中上部叶披针形，长 3~6cm，具疏齿。头状花序，径 1~1.5cm，排列呈伞房或圆锥状花序；总苞片 3 层，披针形，边缘半透明，中脉褐色，背面被毛；雌花舌状，2 轮，线形，白色略带粉红色；管状花两性，黄色。小瘦果披针形；雌花瘦果具冠毛 1 层，两性花瘦果具冠毛 2 层。花期 3~5 月，果期 5~7 月。

生　境： 路旁、旷野、山坡、林缘及疏林下。

用　途： 幼株可作绿肥。

翠湖湿地： 常见，见于林下、路旁、荒地。

267 林泽兰 | 泽兰

Eupatorium lindleyanum

菊科 | 泽兰属

Asteraceae | *Eupatorium*

形态特征： 多年生草本。茎直立，下部及中部红或淡紫红色，茎枝密被白色柔毛。叶对生，无柄或几无柄，长椭圆状披针形或线状披针形，不裂或3全裂，两面粗糙，边缘有齿，基出3脉。头状花序多数，在分枝顶端紧密排列呈聚伞花序，花梗密被白色柔毛；总苞钟状，淡绿或淡紫色，顶端尖；头状花序含5个管状两性花，淡紫红色或粉红色。瘦果椭圆状，5棱，散生黄色腺点；冠毛白色，与花冠等长或稍长。花期7~9月，果期8~10月。

生　境： 沟谷、水边。

用　途： 枝叶可入药。

翠湖湿地：常见，见于水边。

天人菊 | 虎皮菊

Gaillardia pulchella

菊科 | 天人菊属

Asteraceae | *Gaillardia*

形态特征： 一年生草本。茎中部以上多分枝，分枝斜升，被短柔毛或锈色毛。叶互生，叶匙形或倒披针形，长 5~10cm，全缘或上部有疏锯齿或中部以上 3 浅裂，基部无柄或心形半抱茎；叶两面被伏毛。头状花序顶生，径 5cm；总苞片披针形，长 1.5cm，边缘有长缘毛，背面有腺点，基部密被长柔毛；舌状花红色，先端黄色，舌片宽楔形，先端 2~3 裂；管状花裂片三角形，顶端芒状，被节毛。瘦果基部被长柔毛。花期 6~9 月，果期 7~10 月。

生　境： 路旁、荒地或栽植于公园、庭院。

用　途： 可供观赏。

翠湖湿地： 常见，见于路旁、绿地内。

269 粗毛牛膝菊 | 睫毛牛膝菊

Galinsoga quadriradiata

菊科 | 牛膝菊属

Asteraceae | *Galinsoga*

形态特征： 一年生草本。茎直立、不分枝或自基部分枝，枝被短长柔毛和腺毛。叶对生，卵形或长椭圆状卵形，长 2.5~5.5cm，全部茎叶两面被白色柔毛，具浅或钝锯齿或波状浅锯齿。头状花序半球形，排成疏散伞房状；舌状花 5 个，舌片白色，先端 3 齿裂，管状花黄色。瘦果黑褐色。花期 5~10 月，果期 6~11 月。

生　境： 田边、路旁、草丛。

用　途： 花可入药。

翠湖湿地： 常见，见于路旁、荒地。

270	赛菊芋 | 六月菊	菊科 | 赛菊芋属
	Heliopsis helianthoides	Asteraceae | *Heliopsis*

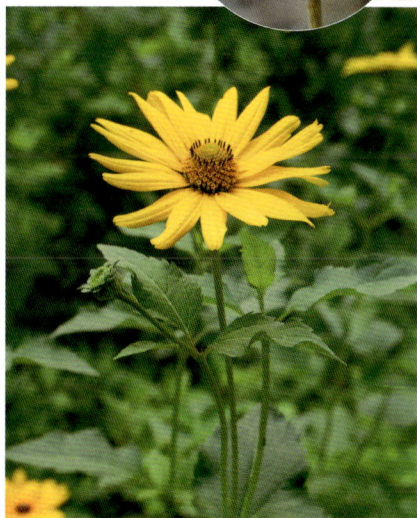

菊科 Asteraceae

赛菊芋 *Heliopsis helianthoides*

形态特征： 多年生草本。茎直立，多分枝，茎枝光滑，株高40~150cm。叶对生，长卵圆形，先端尖，基部楔形，具长柄，边缘具锯齿。头状花序集呈伞房状花序，单生，径4~6cm，舌状花黄色，管状花黄色。瘦果。花期6~9月。

生　境： 栽植于庭院、公园。
用　途： 可供观赏。
翠湖湿地： 常见，见于路旁。

草本 Herb

菊科 Asteraceae

泥胡菜 Hemisteptia lyrata

271 泥胡菜 | 猪兜菜

Hemisteptia lyrata

菊科 | 泥胡菜属

Asteraceae | Hemisteptia

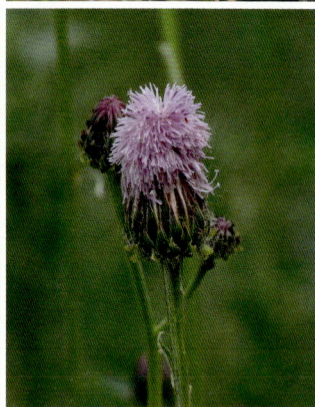

形态特征： 二年生草本。茎被稀疏蛛丝毛，上部长分枝。基生叶莲座状，秋季生出，叶片长椭圆形或倒披针形，花期通常枯萎，长 7~21cm，提琴状大头羽裂，顶裂片三角形，较大，下面被白色蛛丝状毛；茎生叶互生，翌年春季生出，椭圆形，渐小。头状花序小而多，在茎枝顶端排成疏松伞房花序；总苞球形，5~8 片，卵形，背后具紫红色鸡冠状附片；小花全为管状，紫色。瘦果圆柱形，冠毛异型，白色，宿存。花期 4~5 月，果期 5~6 月。

生　境： 村旁、田边、山坡路旁、草丛。

用　途： 全草可入药。

翠湖湿地： 常见，见于山坡、路旁、荒地、草丛中。

278

272	旋覆花 ｜ 六月菊	菊科 ｜ 旋覆花属
	Inula japonica	Asteraceae ｜ *Inula*

形态特征： 多年生草本。茎单生，有时 2~3 个簇生，直立，有细沟，被长伏毛。基部叶常较小，在花期枯萎；中部叶长圆形、长圆状披针形或披针形，长 4~13cm；基部微抱茎或不抱茎，无柄。头状花序径 3~4cm，排成疏散伞房花序，花序梗细长；总苞半球形，总苞片约 6 层；舌状花黄色，舌片条形；管状花黄色，冠毛白色，有 20 余微糙毛，与管状花近等长。瘦果长 1~1.2mm，圆柱形，有 10 条浅沟，被疏毛。花期 6~8 月，果期 7~9 月。

生　境： 房前屋后、路旁、田边、山坡、草丛。
用　途： 根、花、叶可入药。
翠湖湿地： 常见，见于林缘、路旁、草丛中。

273 中华苦荬菜 | 苦菜

菊科 | 苦荬菜属

Ixeris chinensis

Asteraceae | *Ixeris*

形态特征：多年生草本，具白色乳汁。根状茎极短缩。茎直立单生或少数茎呈簇生。基生叶莲座状，条状针形、倒披针形，长 7~15cm，顶端钝或急尖，不规则羽裂，有时全缘或具疏齿；茎生叶极少，无柄，稍抱茎，不裂或羽裂。头状花序在茎枝顶端排成伞房花序，含舌状小花 21~25枚；总苞圆柱状；小花全为舌状，黄色、白色，干时带红色。瘦果褐色，狭披针形，有 10 条高起的钝肋。冠毛白色，微糙。花期 4~7 月，果期 5~8 月。

生　　境：山坡林缘、灌丛、草丛边、田野路旁。

用　　途：全草可入药。

翠湖湿地：常见，见于路旁、荒地、草丛中。

274	翅果菊 ∣ 山莴苣	菊科 ∣ 莴苣属
	Lactuca indica	Asteraceae ∣ *Lactuca*

形态特征：一年生或二年生草本，具白色乳汁。茎高大，上部有分枝。叶形多变，条形或条状披针形，长 13~22cm，不分裂或羽状浅裂至深裂，边缘有缺刻状锯齿，基部戟形半抱茎；下部叶花期枯萎。头状花序多数，在茎枝顶端排成圆锥花序；总苞果期卵球形，长 1.6cm，总苞片 4 层，顶端急尖或钝，边缘或上部边缘染红紫色，长卵形；花全为舌状，21 枚，黄色或淡黄色。瘦果椭圆形，黑色，边缘有宽翅，冠毛白色。花期 7~9 月，果期 8~10 月。

生　　境：路旁、田边、沟谷水边。

用　　途：全草可入药，可作饲料。

翠湖湿地：常见，见于荒地、草丛中。

275	大滨菊	菊科丨滨菊属
	Leucanthemum × superbum	Asteraceae丨*Leucanthemum*

形态特征: 多年生或二年生草本。茎直立,不分枝或自基部疏分枝,被长毛。叶互生,长倒披针形,基生叶长达 30cm;上部叶渐短,披针形,先端钝圆,基部渐狭,边缘具细尖锯齿。头状花序,单生枝端,径 5~8cm;总苞片宽长圆形,先端钝,边缘膜质,中央褐色或绿色;舌状花白色。瘦果,无冠毛。花果期 7~9 月。

生　境: 栽植于公园、庭院。

用　途: 可供观赏,可入药。

翠湖湿地: 常见,见于路旁、绿地内。

276 黑心菊 | 黑心金光菊

Rudbeckia hirta

菊科 | 金光菊属

Asteraceae | *Rudbeckia*

菊科 Asteraceae

黑心菊 *Rudbeckia hirta*

形态特征： 一年生或二年生草本。全株被刺毛。叶互生，长卵圆形或匙形，长 8~12cm；下部叶有三出脉，边缘有细锯齿，有具翅的柄；上部叶两面被白色密刺毛。头状花序径 5~7cm，花序梗长；总苞片外层长圆形，长 1.2~1.7cm，内层披针状线形，被白色刺毛；花托圆锥形，托片线形，对折呈龙骨瓣状；舌状花鲜黄色，舌片长圆形，10~14 个，长 2~4cm，先端有 2~3 不整齐短齿；管状花暗褐色。瘦果四棱形，黑褐色，无冠毛。花期 6~9 月，果期 7~10 月。

生　境： 路旁、田边或栽植于庭院、公园。

用　途： 可供观赏。

翠湖湿地： 常见，见于路旁、绿地内。

277 串叶松香草 | 菊花草

Silphium perfoliatum

形态特征： 多年生草本。根分泌有似松脂香气的物质。茎直立，四棱形，上部分枝。叶对生，卵形，长15~30cm，先端急尖，下部叶基部渐狭成柄，边缘具粗牙齿，两面具糙柔毛。头状花序，在茎顶呈伞房状，径5~7.5cm；总苞苞片数层，覆瓦状排列，近等长；舌状花黄色，2~3轮，舌片先端3齿，能育；管状花黄色，两性，不育。瘦果扁，倒卵形，具翅，冠毛芒状。花期6~9月，果期9~10月。

生　境： 栽植于庭院、公园。

用　途： 可供观赏，可作牧草。

翠湖湿地：常见，见于路旁。

278 长裂苦苣菜 | 苣荬菜

Sonchus brachyotus

菊科 | 苦苣菜属

Asteraceae | *Sonchus*

形态特征： 一年生草本。根垂直直伸，生多数须根。茎直立，有纵条纹。基生叶与下部茎叶全形卵形、长椭圆形或倒披针形，长6~19cm，羽状深裂、半裂或浅裂，边缘无刺状尖齿；全部叶两面光滑无毛。头状花序少数在茎枝顶端排成伞房状花序；总苞钟状，总苞片4~5层，最外层卵形。花全为舌状，黄色。瘦果长椭圆状，褐色，稍压扁，每面有5条高起的纵肋，肋间有横皱纹；冠毛白色，纤细，单毛状。花期7~9月，果期8~10月。

生　境： 田边、路旁、草丛。

用　途： 可作入药、饲料。

翠湖湿地： 常见，见于路旁、荒地、草丛中。

279 美国紫菀
Symphyotrichum novae-angliae

菊科 ｜ 联毛紫菀属

Asteraceae ｜ *Symphyotrichum*

菊科 Asteraceae

美国紫菀 *Symphyotrichum novae-angliae*

形态特征： 多年生草本，全株被毛。茎自木质化的根茎或粗根茎上抽生，在上部分枝。叶互生，抱茎，长椭圆至披针形。头状花序呈伞房状集生于枝顶；花有蓝、紫、雪青等色。喜充足日照，及肥沃疏松的湿润土壤。植株在开花2年后应予更新。因实生苗多变异，通常用分株或扦插法繁殖。花期7~9月。

生　境： 栽植于庭院、公园。
用　途： 可供观赏。
翠湖湿地：不常见，见于路旁。

280	联毛紫菀 | 荷兰菊	菊科 | 联毛紫菀属
	Symphyotrichum novi-belgii	Asteraceae | *Symphyotrichum*

菊科 Asteraceae

联毛紫菀 *Symphyotrichum novi-belgii*

形态特征: 多年生草本。有地下走茎。茎直立，多分枝，被稀疏短柔毛。叶互生，长圆形至条状披针形，长 1.5~1.2cm，先端渐尖，基部渐狭，全缘或有浅锯齿；上部叶无柄，基部微抱茎；花序下部叶较小。头状花序顶生；总苞钟形；雌花舌状，1~3 轮，蓝紫色、紫红色等；两性花管状，黄色。瘦果长圆形，褐色，冠毛浅黄色。花果期 8~10 月。

生　　境: 栽植于庭院、公园。

用　　途: 可供观赏。

翠湖湿地: 常见，见于路旁、绿地内。

281 钻叶紫菀
Symphyotrichum subulatum

菊科 | 联毛紫菀属
Asteraceae | *Symphyotrichum*

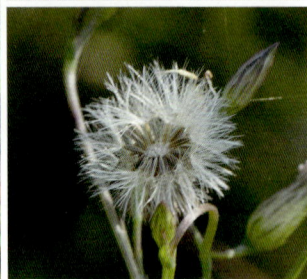

形态特征： 一年生草本植物。茎无毛。基生叶倒披针形，花后凋落；茎中部叶线状披针形，长 6~10cm，主脉明显，侧脉不显著，无柄；上部叶渐狭窄，全缘，无柄，无毛。头状花序，多数在茎顶端排成圆锥状，径 7~10mm；总苞钟状，总苞片 3~4 层，边缘膜质，无毛；舌状花细狭，淡红色、紫色，线形；管状花多数，黄色。瘦果长圆形或椭圆形，有 5 纵棱，冠毛淡褐色。花果期 5~11 月。

生　境： 路旁、荒野、田边。

用　途： 全草可入药，嫩苗、嫩茎叶可食用。

翠湖湿地： 常见，见于路旁、荒地。

蒲公英 | 婆婆丁

Taraxacum mongolicum

菊科 | 蒲公英属

Asteraceae | *Taraxacum*

形态特征： 多年生草本。无地上茎，具白色乳汁。叶全部基生，倒卵状披针形，长4~20cm，羽状深裂、倒向羽状深裂或大头羽状深裂，侧裂片4~5对，长圆状披针形或三角形，具齿，顶裂片较大，戟状长圆形。头状花序单生；总苞钟状，淡绿色，总苞片2~3层，先端背面增厚或具角状突起；花全部为舌状，黄色，外层舌片的外侧中央具红紫色宽带。瘦果倒卵状披针形，暗褐色，有刺状突起，冠毛白色。花期4~9月，果期5~10月。

生　境： 房前屋后、山坡草地、路旁、草丛。

用　途： 全草可入药。

翠湖湿地： 常见，见于路旁、林缘、草丛中。

283 西方苍耳

Xanthium occidentale

菊科 | 苍耳属

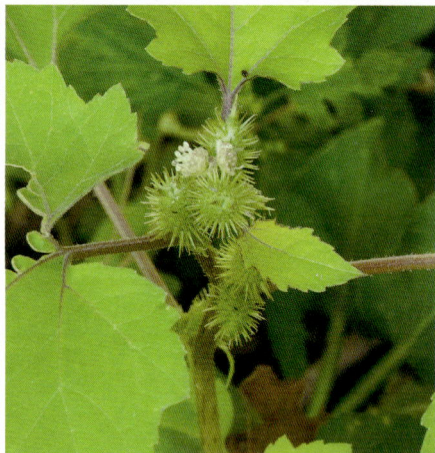

Asteraceae | *Xanthium*

形态特征: 一年生草本。根粗壮。茎直立,多分枝,具紫斑点或斑纹,粗糙,被短硬刚毛。叶三角状卵形,长5~14cm,下部叶对生,上部叶轮生,边缘具粗齿,3或5裂,表面粗糙,被细硬刚毛。头状花序腋生或顶生,单性同株,雌雄花序着生不同部;雄头状花序,径5~8mm,生于分枝端部,雌头状花序着生下端;总苞长1.4~2cm,具粗壮倒钩刺。瘦果卵形或椭圆形,内含2粒种子。种子棕黑色,侧扁。花期8~10月,果期9~10月。

生　境: 路旁、荒地。

用　途: 可做植物源杀虫剂,可入药。

翠湖湿地: 常见,见于路旁、荒地。

284	苍耳 ｜ 苍耳子、老苍子	菊科 ｜ 苍耳属
	Xanthium strumarium	Asteraceae ｜ *Xanthium*

菊科
Asteraceae

苍耳
Xanthium strumarium

形态特征： 一年生草本。茎直立，下部圆柱形，径 4~10mm，上部有纵沟，被灰白色糙伏毛。叶互生，具长柄，三角状卵形或心形，长 4~9 厘米，基出三脉，边缘有 3~5 不明显浅裂；花单性，雌雄同株；雄头状花序球形，径 4~6mm，黄绿色；雌头状花序椭圆形，含雌花 2，绿、淡黄绿或带红褐色，成熟时总苞变坚硬，卵形或椭圆形，长 1.2~1.5cm，外面疏生倒钩刺，常有腺点，喙锥形，上端稍弯；瘦果 2，倒卵圆形。花期 7~10 月，果期 8~11 月。

生　境： 田边、路旁、河边、草丛。

用　途： 种子可榨油，可为制作油墨、肥皂、油毡的原料，果实可入药。

翠湖湿地： 常见，见于路旁、水边、荒地。

285 蛇床 ┃ 山胡萝卜
Cnidium monnieri

形态特征： 一年生草本。茎直立或斜上，多分枝，中空，表面具深条棱，粗糙。叶片卵形至三角状卵形，二至三回三出式羽状全裂，先端常略呈尾状，末回裂片线形至线状披针形，边缘及脉上粗糙。复伞花序直径 2~3cm；总苞片 6~10，线形至线状披针形；伞辐 10~30；小总苞片 2~3，线形，边缘具细睫毛；小伞形花序具花 15~20，萼齿无；花瓣白色，花柱基垫状，花柱稍弯曲。双悬果宽椭圆形，主棱 5，均扩大呈翅状。花期 5~6 月，果期 7~8 月。

生　境： 水边、河边、溪流。

用　途： 果实可药用，叶可食用。

翠湖湿地： 常见，见于水边。

序号 286～310

藤本
Vine

286 北马兜铃 | 马兜铃

Aristolochia contorta

马兜铃科 | 马兜铃属

Aristolochiaceae | *Aristolochia*

形态特征： 多年生草质藤本。全株无毛，有特殊气味。叶互生；叶片三角状心形至宽卵状心形，长 3~13cm，宽 3~10cm，先端短尖或钝，基部心形，两面无毛。总状花序，花黄绿色，3~10 朵腋生；花被喇叭状，筒长 2~3cm，基部球形，上端逐渐扩大呈偏向一侧的侧片，侧片顶端延长呈长条形尾尖，具紫色网纹及纵脉。蒴果宽倒卵形，长 3~6cm，径 2~3cm，成熟后 6 瓣开裂。种子三角状心形，具膜质翅。花期 5~7 月，果期 8~10 月。

生　境：路旁、山坡林缘、灌丛。

用　途：根、茎、叶、果实可入药。

翠湖湿地：不常见，见于林下、灌丛、草地。

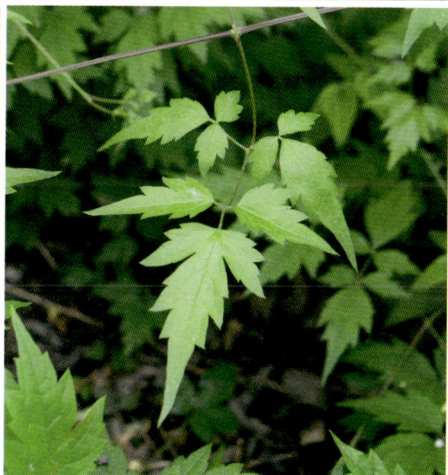

形态特征： 木质藤本。枝被柔毛。叶对生，二回羽状复叶或二回三出复叶，有 5~15 小叶；小叶卵形或窄卵形，长 1.5~6cm，先端渐尖或长渐尖，基部圆或浅心形，不裂或 3 浅裂，疏生粗锯齿。圆锥花序顶生或腋生，长 4~11cm，花径 1~2cm；萼片 4，白色，开展，倒卵状长圆形，长 0.9~1.1cm，被平伏柔毛，内面疏被毛；无花瓣；雄蕊无毛，花药窄长圆形。瘦果椭圆形，长约 3mm，被毛；宿存花柱羽毛状。花期 7~8 月，果期 8~9 月。

生　境： 山坡林缘、路旁、灌丛。

用　途： 藤茎可入药。

翠湖湿地： 不常见，见于林缘、灌丛。

288 五叶地锦 | 美国地锦

Parthenocissus quinquefolia

葡萄科 | 地锦属

Vitaceae | *Parthenocissus*

形态特征： 木质藤本。小枝无毛。嫩芽为红或淡红色；卷须总状 5~9 分枝，嫩时顶端尖细而卷曲，遇附着物时扩大为吸盘。掌状复叶；小叶 5，倒卵圆形、倒卵状椭圆形或外侧小叶椭圆形，长 5.5~15cm，先端短尾尖，基部楔形或宽楔形，边缘有粗锯齿。圆锥状多歧聚伞花序，暗绿色，假顶生，序轴明显，长 8 ~ 20cm，花序梗长 3~5cm；花萼碟形，边缘全缘，无毛；花瓣长椭圆形。浆果球形，径 1~1.2cm，有种子 1~4。花期 5~6 月，果期 9~10 月。

生　境： 路旁岩壁上。

用　途： 可用于垂直绿化。

翠湖湿地： 不常见，见于墙边。

289 野大豆
Glycine soja

豆科 | 大豆属

Fabaceae | *Glycine*

形态特征： 一年生草质藤本。茎纤细，缠绕，全株疏被褐色长硬毛。三出复叶，顶生小叶卵状披针形，长 1~5cm，先端急尖或钝，基部圆，两面均密被绢质糙伏毛。总状花序腋生，花小长约 5mm，淡紫色，苞片披针形；花萼钟状，裂片三角状披针形；旗瓣近倒卵圆形，基部有短瓣；翼瓣斜半倒卵圆形，短于旗瓣，瓣片基部具耳；龙骨瓣斜长圆形，比旗瓣和翼瓣短而小，密被长柔毛。荚果矩圆形，被黄色平伏毛。花期 6~8月，果期 7~9月。

生　境： 水边、河滩、盐碱地。

用　途： 全草可入药，可作饲草和绿肥。

翠湖湿地：常见，见于水边、草地、荒地。

290 紫藤
Wisteria sinensis

豆科｜紫藤属

Fabaceae ｜ *Wisteria*

形态特征： 落叶藤本。茎左旋，枝较粗壮，嫩枝黄褐色，被白色绢毛。奇数羽状复叶互生，长15~25cm；小叶9~13，纸质，卵状椭圆形或卵状披针形，先端小叶较大，基部1对最小，先端渐尖，钝圆或楔形，幼时有柔毛，后渐脱落；小托叶刺毛状。总状花序生于去年短枝的叶腋或顶芽，先于叶开放，花序轴被白色柔毛；花梗细长；花冠紫色，旗瓣反折。荚果扁，成熟后不脱落，密被灰色茸毛。花期4~5月，果期5~8月。

生　境： 栽植于公园、庭院。

用　途： 可供观赏。

翠湖湿地： 不常见，见于林中，少量栽植。

291	葎草 | 拉拉秧	大麻科 | 葎草属
	Humulus scandens	Cannabaceae | *Humulus*

形态特征： 一年或多年生缠绕藤本。茎、枝、叶柄均密生倒钩刺。叶对生，纸质，肾状五角形，长宽约 7~10cm，基部心形，表面粗糙，疏生糙伏毛；掌状 5~7 深裂，稀为 3 裂，裂片卵状三角形，具锯齿。花单性异株；雄花小，淡黄绿色，排列呈圆锥花序，花序长 15~25cm，花被片和雄蕊各 5；雌花排列呈近圆形的穗状花序，苞片三角形，具黄色小腺点，被白色茸毛，柱头 2，伸出苞片外。瘦果扁圆形，成熟时露出苞片外。花期 5~8 月，果期 8~10 月。

生　境： 路旁、荒地、林缘、沟边。

用　途： 可入药，茎皮纤维可作造纸原料。

翠湖湿地： 常见，见于荒地、沟边。

292 刺果瓜

Sicyos angulatus

葫芦科｜刺果瓜属

Cucurbitaceae ｜ *Sicyos*

形态特征： 一年生草质藤本。茎上具有棱槽，茎节处生卷须，密被白色柔毛，卷须 3~5 裂，细长螺旋状。叶片圆形或卵圆形纸质，掌状 5 浅裂，长宽约 5~20cm；花雌雄同株，雄花排列呈总状花序或头状聚伞花序，花萼 5，披针形至锥形，花冠 5 裂，花冠直径 9~14mm，白色至浅黄绿色，裂片三角形；雌花较小，花暗黄色，无柄，聚呈头状。果实扁平，长卵圆形，簇生，密被白色柔毛与黄褐色细长刺，不开裂。花期 8~9 月，果期 9~10 月。

生　境： 路旁、林缘。

用　途： 可入药。

翠湖湿地： 极少见，见于荒地。

293	赤瓟	赤雹	葫芦科	赤瓟属
	Thladiantha dubia		Cucurbitaceae	*Thladiantha*

葫芦科 Cucurbitaceae

赤瓟 *Thladiantha dubia*

形态特征： 多年生草质藤本。茎少分枝，被长硬毛，卷须不分枝。叶片宽卵状心形，长5~10cm，宽4~9cm，先端锐尖，基部心形，边缘具浅细齿，两面均被粗毛；叶脉有长硬毛，最基部1对叶脉沿叶基弯缺边缘向外展开。雌雄异株，雄花单生或聚生于短枝上呈假总状花序，雌花单生叶腋；花萼裂片披针形反折，被长柔毛；花冠黄色钟状，5深裂，长2~2.5cm，宽8~12mm。果实矩圆形，熟时红色，具不明显的10条纵纹。花期8~9月，果期9~10月。

生　境： 山坡、路旁、林缘。

用　途： 果实和根可入药。

翠湖湿地： 极少见，见于荒地。

294	栝楼 ｜瓜楼、瓜蒌	葫芦科 ｜ 栝楼属
	Trichosanthes kirilowii	Cucurbitaceae ｜ *Trichosanthes*

形态特征： 多年生草质藤本。茎较粗多分枝，具纵棱槽，被伸展柔毛。叶纸质，近圆形，长宽约5~20cm；常3~7浅至中裂，裂片菱状倒卵形、长圆形，常再浅裂，叶基心形，两面沿脉被长柔毛状硬毛；基出掌状脉5条。花雌雄异株，雄总状花序单生，或与一单花并生，具纵棱与槽，被微柔毛，顶端有5~8花，雌花单生；花冠白色深裂，裂片倒卵形，长2cm，具丝状流苏。果实椭圆形或圆形，成熟时黄褐色或橙黄色。花期7~8月，果期9~10月。

生　　境： 山坡林下、灌丛、草地。

用　　途： 根、果实、果皮和种子可入药。

翠湖湿地：不常见，见于林下、草地。

295	扛板归	梨头刺	蓼科	蓼属
	Persicaria perfoliata		Polygonaceae	*Persicaria*

蓼科 Polygonaceae

扛板归 *Persicaria perfoliata*

形态特征： 一年生草质藤本。茎攀缘，多分枝，具纵棱，沿棱具倒生皮刺。叶三角形，长3~7cm，宽2~5cm，先端钝或微尖，基部近平截；叶背沿叶脉疏生皮刺；叶柄与叶片近等长，具倒生皮刺；托叶鞘叶状，草质，绿色，穿茎而过。总状花序呈短穗状，不分枝顶生或腋生，长1~3cm；花被5深裂，白色或淡绿色，椭圆形，果时增大，深蓝色，呈肉质；雄蕊8。瘦果球形，黑色，有光泽，包于宿存花被内。花期7~8月，果期8~9月。

生　境： 沟谷水边、村旁。

用　途： 茎、叶可入药。

翠湖湿地： 不常见，见于水边、荒地。

296 鸡屎藤 | 鸡矢藤

Paederia foetida

茜草科 | 鸡屎藤属

Rubiaceae | *Paederia*

形态特征： 藤状灌木，无毛或被柔毛。植株有恶臭气味。叶对生，膜质，宽卵形，长5~10cm，宽2~4cm，顶端短尖或削尖，基部浑圆，有时心形，叶上面无毛，在下面脉上被微毛；托叶三角形，于两叶柄间合生。圆锥花序腋生或顶生，长6~18cm；小苞片微小，卵形或锥形，有小睫毛；花有小梗；花萼钟形，萼檐裂片钝齿形；花冠里面紫色外面白色，筒状，长1.2~1.6cm，通常被茸毛，裂片短。核果球形，具1阔翅。花期7~8月，果期9~10月。

生　　境： 疏林、路旁。

用　　途： 全草可入药，叶片可食。

翠湖湿地： 常见，见于林下、荒地、水边。

297	茜草	茜草科 | 茜草属
	Rubia cordifolia	Rubiaceae | *Rubia*

形态特征： 草质藤本。茎数至多条，细长，有 4 棱，棱上生倒生皮刺，靠小刺攀缘。叶 4 片轮生，纸质，披针形或长圆状披针形，长 2~6cm，顶端渐尖，基部心形，边缘有齿状皮刺，上面粗糙，下面脉上和叶柄有倒生小刺；基出脉 3，极少外侧有 1 对很小的基出脉。聚伞花序大而疏松，常腋生和顶生；花小，白色或黄白色，无毛；花冠 5 裂，裂片近卵形。浆果近球形，径 5~6mm，成熟时橘黄色，后变紫黑色。花期 7~10 月，果期 9~11 月。

生　境： 路旁、田边、山坡草丛。

用　途： 根可作染料，可药用。

翠湖湿地： 常见，见于林下、林缘、路旁、草地。

298 鹅绒藤 | 老鸹瓢

Cynanchum chinese

夹竹桃科 | 鹅绒藤属

Apocynaceae | *Cynanchum*

形态特征： 多年生草质藤本。植株具乳汁。叶对生；叶片宽三角状心形，长 4~9cm，宽 4~7cm，顶端尖锐，基部心形；叶面深绿色，叶背灰绿色，两面有短柔毛。聚伞花序腋生，着花数朵；花萼外面被柔毛；花冠白色，裂片 5，长圆状披针形；副花冠二形，杯状，顶端裂呈 10 条丝状体，分内外 2 轮，外轮与花冠裂片等长，内轮稍短。蓇葖果双生或仅有一个发育，细圆柱形，长 11cm。种子长圆形，顶端具白毛。花期 6~8 月，果期 9~10 月。

生　境： 路边、水边、河滩、山坡林缘。

用　途： 全株可入药。

翠湖湿地： 较常见，见于水边、林缘。

299	萝藦 ┃ 天浆壳、奶浆藤	夹竹桃科 ┃ 鹅绒藤属
	Cynanchum rostellatum	Apocynaceae ┃ *Cynanchum*

形态特征： 多年生草质藤本。植株具乳汁。茎下部木质化，上部较韧，淡绿色，有纵条纹。叶对生；叶片卵状心形，长4~12cm，宽3~8cm；叶面绿色，叶背粉绿色。聚伞花序腋生或腋外生，着花数朵；花萼5深裂；花冠白色，有淡紫红色斑纹，近辐状，裂片向左覆盖，内被柔毛；副花冠环状5浅裂；雄蕊连生呈圆锥状，包在雌蕊周围。蓇葖果2，叉生，纺锤形，表面有瘤状突起。种子褐色扁平卵圆形，顶端具白毛。花期7~8月，果期9~10月。

生　境： 路边、水边、草丛、山坡林缘。

用　途： 全株可入药，茎皮可制人造棉。

翠湖湿地： 常见，见于水边、林缘、草地。

300 杠柳 ｜ 五加皮
Periploca sepium

夹竹桃科 ｜ 杠柳属
Apocynaceae ｜ *Periploca*

形态特征：落叶木质藤本。植株具乳汁。茎灰褐色。小枝对生，黄褐色。叶卵状长圆形，长6~10cm，宽1.5~2.5cm，全缘；叶面深绿色，叶背淡绿色。聚伞花序腋生，着花数朵；花序梗和花梗柔弱；花萼裂片卵圆形；花冠紫红色，偶为黄绿色，辐状；花冠裂片中间加厚呈纺锤形，反折，内面被长柔毛；副花冠环状，10裂，其中5裂片延伸呈丝状向里弯曲；雄蕊5。蓇葖果2，叉生，圆柱形。种子长圆形，顶端有白毛。花期5~6月，果期8~9月。

生　境：河边、山坡林缘、灌丛。

用　途：根皮、茎皮可入药。

翠湖湿地：不常见，见于路旁、灌丛中。

打碗花 | 燕子苗

Calystegia hederacea

旋花科 | 打碗花属

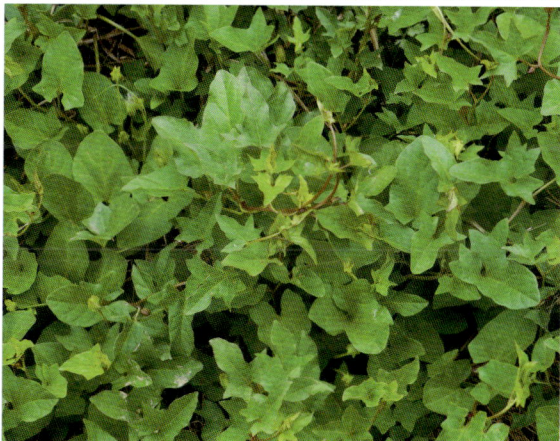

Convolvulaceae | Calystegia

形态特征： 一年生草本。植株具乳汁。茎缠绕或贴地蔓生。叶互生，具长柄，叶片三角形戟形，长 2~4cm，侧裂片开展，通常 2 裂。花单生叶腋，花梗长于叶柄，有细棱；苞片 2，卵圆形，长 0.8~1cm，顶端钝或锐尖至渐尖，包住花萼，宿存；萼片 5，长圆形，稍短于苞片；花冠漏斗状，粉色或近白色；雄蕊 5，近等长，花丝基部扩大，贴生花冠管基部；子房无毛，柱头 2 裂。蒴果卵圆形，光滑。花期 4~7 月，果期 5~8 月。

生　境： 房前屋后、路旁、村边、草丛。

用　途： 根可入药。

翠湖湿地：常见，见于路旁、草地。

302 长叶藤长苗

Calystegia pellita subsp. *longifolia*

旋花科｜打碗花属

Convolvulaceae ｜ Calystegia

旋花科 Convolvulaceae

长叶藤长苗

Calystegia pellita subsp. longifolia

形态特征： 多年生草质藤本。植株具乳汁。茎缠绕或下部直立，密被长柔毛。叶矩圆形或矩圆状条形，长 4~10cm，宽 0.6~2cm，基部圆形或微呈戟形，两面被柔毛。单花腋生；苞片卵形，被褐黄色短柔毛；花冠粉色或淡粉色，漏斗状，长 4.5~5.5cm；雄蕊 5，柱头 2 裂。蒴果近球形。花期 6~8 月，果期 8~9 月。

生　境： 田边、山坡、路旁、草丛。

用　途： 根可入药。

翠湖湿地： 常见，见于路旁、草地。

303 田旋花 | 箭叶旋花

Convolvulus arvensis

旋花科 | 旋花属

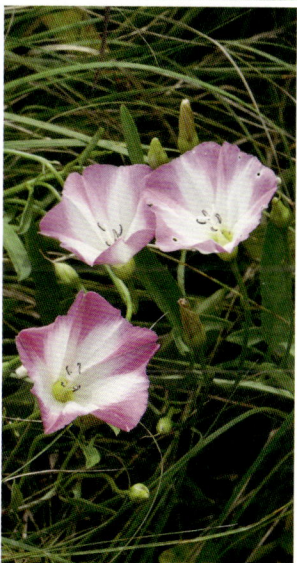

Convolvulaceae | *Convolvulus*

形态特征： 多年生草本。茎缠绕或贴地蔓生，具乳汁。叶互生，叶片戟形，长 2.5~5cm，宽 1~3.5cm，基部有两个小侧裂片，两面被毛或者无毛；叶柄长 1~2cm。聚伞花序腋生，具 1~3 花，花序梗细弱，长 3~8cm；苞片 2，线形，长约 3mm，与花萼远离；萼片外 2 片长圆状椭圆形，内萼片近圆形；花冠白或淡红色，宽漏斗形，长 1.5~2.6cm，冠檐 5 浅裂；雄蕊稍不等长，长约花冠之半；柱头线形。蒴果球形。花期 5~8 月，果期 6~9 月。

生　境： 房前屋后、路旁、田边、草丛。

用　途： 全草可入药。

翠湖湿地： 常见，见于路旁、草地。

304 南方菟丝子 | 欧洲菟丝子
Cuscuta australis

旋花科 | 菟丝子属

Convolvulaceae | *Cuscuta*

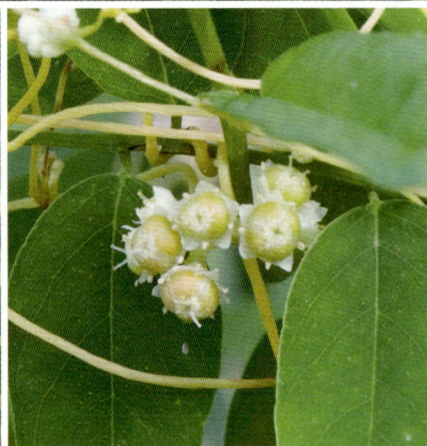

形态特征：一年生寄生草质藤本。茎纤细，黄色，径约 1mm。花序侧生，少花至多花密集成聚伞状团伞花序，花序无梗；苞片及小苞片鳞片状；花梗长约 1~2.5mm；花萼裂片平贴花冠；花冠白色，杯状，长约 2mm，裂片卵形或长圆形，与花冠筒近等长，直伸；雄蕊生于花冠裂片间弯缺处，短于裂片，鳞片短于花冠筒 1/2，2 裂，具小流苏；花柱 2，柱头球形。蒴果扁球形，径 3~4mm，下部为宿存花冠所包，不规则开裂。花期 7~9 月，果期 8~10 月。

生　境：路旁草丛中，多寄生于草本植物上。

用　途：种子可入药。

翠湖湿地：不常见，见于草丛中。

菟丝子 | 豆寄生

Cuscuta chinensis

旋花科 | 菟丝子属

Convolvulaceae | *Cuscuta*

旋花科 Convolvulaceae

菟丝子 *Cuscuta chinensis*

形态特征：一年生寄生草质藤本。茎纤细，黄色。叶退化。花序侧生，少花至多花密集成聚伞状伞团花序，花序无梗；苞片及小苞片鳞片状；花梗长约1mm；花萼杯状，5裂，裂片背面有龙骨状突起。花冠白色，壶状，长为花萼的2倍，顶端5裂，裂片向外反曲；裂片三角状卵形，先端反折；雄蕊5，着生于花冠裂片弯缺处的内侧；花柱2。蒴果球形，成熟时完全被宿存花冠包围，成熟时整齐的周裂。花期7~9月，果期8~10月。

生　　境：路旁草丛中，多寄生于草本植物上。

用　　途：种子可入药。

翠湖湿地：不常见，见于草丛中。

306 牵牛 ┃ 牵牛花
Ipomoea nil

旋花科 ┃ 番薯属
Convolvulaceae ┃ *Ipomoea*

形态特征：一年生草质藤本。茎缠绕。叶宽卵形或近圆形，长 4~5cm，3 浅裂，偶 5 裂，先端渐尖，基部心形，叶面被微硬的柔毛；叶柄长 2~15cm。花序腋生，具 1 至少花；花序梗长 1.5~18.5cm；苞片线形或丝状，小苞片线形；花梗长 2~7mm；萼片披针状线形，长 2~2.5cm，内 2 片较窄，密被开展刚毛；花冠蓝紫或紫红色，筒部色淡，长 5~10cm，无毛；雄蕊及花柱内藏；子房 3 室。蒴果近球形，3 瓣裂。花期 6~10 月，果期 7~11 月。

生　境：路旁、田边、荒地、草丛。

用　途：种子可入药，可供观赏。

翠湖湿地：常见，见于荒地、草丛中。

307	裂叶牵牛	旋花科 | 番薯属
	Ipomoea hederacea	Convolvulaceae | *Ipomoea*

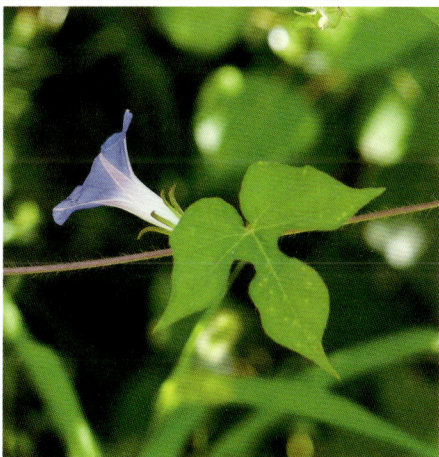

形态特征：一年生草质藤本。茎细长缠绕，茎上被短柔毛及开展的长硬毛。叶心状卵形，3深裂；掌状叶脉，叶柄常较花柄长。花序有花1~3朵；总花梗腋生，长2.5~5cm，被长柔毛；苞片2，披针形；萼片5，披针形，先端向外反曲，3枚宽，2枚较狭，基部密被白色或金黄色柔毛；花冠漏斗状，长3~4cm，常为蓝色，花冠筒常白色；雄蕊5，不等长，花丝基部稍大，被毛；雌蕊无毛，较雄蕊长。蒴果无毛，球形。花期6~10月，果期7~11月。

生　境：路旁、田边、荒地、草丛。

用　途：种子可入药，可观赏。

翠湖湿地：常见，见于荒地、草丛中。

308 圆叶牵牛 | 喇叭花

Ipomoea purpurea

旋花科 | 番薯属

Convolvulaceae | *Ipomoea*

形态特征： 一年生草质藤本。植株具乳汁，全株被粗硬毛。叶互生，圆心形或宽卵状心形，长5~12cm，宽3.5~16.5cm，基部圆，心形，顶端锐尖，通常全缘，偶有3裂，两面疏或密被刚伏毛，具掌状脉。花序有花1~5朵；萼片5，基部有粗硬毛。花冠漏斗状，长4~6cm，紫红色、红色或白色，花冠管通常白色，瓣中带于内面色深，外面色淡，顶端5浅裂；雄蕊与花柱内藏；雄蕊不等长，花丝基部被柔毛。蒴果球形，3瓣裂。花期6~10月，果期7~11月。

生　境： 路旁、田边、荒地、草丛。

用　途： 可供观赏，种子可入药。

翠湖湿地： 常见，见于荒地、草丛中。

白英 | 白英

Solanum lyratum

茄科 | 番薯属

Solanaceae | *Solanum*

茄科 Solanaceae

白英 *Solanum lyratum*

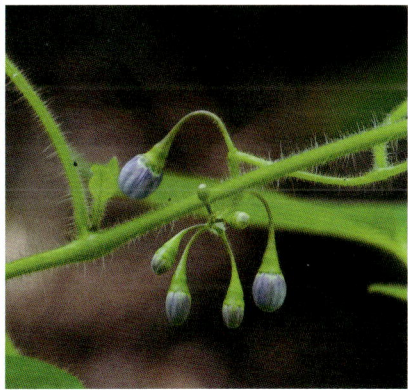

形态特征： 草质藤本。全株密被具节长柔毛。叶互生，多数为琴形，长 3.5~5.5cm，3~5 深裂，有时浅裂或全缘，两面被白色长柔毛。圆锥花序顶生或腋外生，疏花；总花梗长 1~1.5cm，无毛，顶端稍膨大，基部具关节；花萼环状，无毛，萼齿 5 枚，圆形，顶端具短尖头；花冠蓝紫色或白色，直径约 1.1cm，花冠筒隐于萼内，冠檐长约 6.5mm，5 深裂，裂片椭圆状披针形；花药长于花丝，花柱无毛。浆果球状，成熟时红黑色。花期 7~8 月，果期 9~10 月。

生　境： 阴坡林缘、林下。

用　途： 可入药。

翠湖湿地： 较常见，见于荒地。

310 忍冬 | 金银花
Lonicera japonica

忍冬科 | 忍冬属

Caprifoliaceae | *Lonicera*

形态特征： 木质藤本。幼枝密生腺毛和短柔毛。叶对生，纸质，卵形至矩圆状卵形，极少有1至数个钝缺刻，幼时两面有毛，后上面变无毛，少带青灰色。苞片大，叶状，小苞片顶端圆形或平截；萼筒无毛，萼齿卵状三角形或长三角形，外面和边缘都有密毛；花冠白色，后黄色，芳香，二唇形，上唇具4裂片直立，下唇带状而反曲，外被糙毛和长腺毛；雄蕊5，和花柱均伸出花冠外。浆果球形，熟时蓝黑色。花期5~6月，果期8~9月。

生　境： 山坡灌丛、疏林中、路旁。

用　途： 可入药，可作凉茶。

翠湖湿地： 极少见，见于路旁。

水生植物
Aquatic Plant

311 槐叶蘋
Salvinia natans

槐叶蘋科 | 槐叶蘋属
Salviniaceae | *Salvinia*

形态特征： 漂浮植物。茎细长而横走，被褐色节状毛。3叶轮生，上面2叶漂浮水面，形如槐叶，长圆形或椭圆形，长8~14mm，宽5~8mm，基部圆形或稍心形，全缘；叶脉斜出，每条小脉上面有5~8束白色刚毛；叶草质，上面深绿色，下面密被棕色茸毛；下面一叶悬垂水中，细裂成线状，被细毛，形如须根，起着根的作用。孢子果4~8个簇生于沉水叶的基部，表面疏生成束的短毛，小孢子果表面淡黄色，大孢子果表面淡棕色。花果期7~9月。

生　境： 水边、沟塘。

用　途： 全草可入药。

翠湖湿地： 不常见，见于浅水中。

312	芡 ǀ 鸡头米、芡实	睡莲科 ǀ 芡属
	Euryale ferox	Nymphaeaceae ǀ *Euryale*

睡莲科 Nymphaeaceae

芡

Euryale ferox

形态特征： 一年生水生草本。根茎粗壮，茎不明显。叶二型；初生叶沉水，箭形或椭圆形，两面无刺；次生叶浮水，革质，椭圆肾形至圆形，径0.65~1.3m，上面具蜡被，下面带紫色，被短柔毛，叶脉分枝处具锐刺；叶柄及花梗粗壮具硬刺。花单生，伸出水面；萼片4，披针形，内面紫色，密被钩状刺；花瓣多数，紫红色，数轮排列，向内渐变成雄蕊。浆果球形，暗紫红色，密生硬刺，形似鸡头；种子球形，胚乳粉质。花期7~8月，果期8~9月。

生　境： 池塘、湖沼。

用　途： 种子可食用可入药，全草可作饲料及绿肥。

翠湖湿地： 常见，见于浅水中。

313 萍蓬草
Nuphar pumila

睡莲科 | 萍蓬草属
Nymphaeaceae | *Nuphar*

形态特征： 多年生水生草本。根茎肥厚。叶生于根茎顶端；浮水叶纸质，卵形或宽卵形，长6~17cm，宽6~12cm，先端圆，基部具弯缺，裂片开展，上面光亮，无毛，下面密被柔毛，侧脉羽状，上部二歧分枝；沉水叶薄膜质，无毛；叶柄长20~50cm，被毛。花径3~4cm；花梗长40~50cm，被柔毛；萼片5，黄色，外面中央绿色，矩圆形或椭圆形；花瓣窄楔形，长5~7mm，先端微凹；雄蕊多数。浆果卵形；种子长圆形，褐色。花期5~7月，果期7~9月。

生　境： 池沼。

用　途： 根茎可食用，可入药。

翠湖湿地： 较常见，见于游客服务中心周边水域。

314	白睡莲	睡莲科 | 睡莲属
	Nymphaea alba	Nymphaeaceae | *Nymphaea*

睡莲科 Nymphaeaceae

白睡莲 *Nymphaea alba*

形态特征： 多年生水生草本。根状茎匍匐。叶漂浮水面，革质，近圆形，宽 10~20cm，基部具深弯缺，裂片尖锐，全缘或波状，两面无毛，有小点；叶柄长达 50cm。花浮于水面，直径 10~20cm，白天开放，芳香；萼片 4，披针形，脱落或花期后腐烂；花瓣 20~25，白色，卵状矩圆形，长 3~6cm，内层渐小，并渐变态为雄蕊；花托圆柱形；花药先端不延长；柱头辐射裂片 14~22。浆果卵形或近球形，种子椭圆形。花期 6~8 月，果期 8~10 月。

生　境： 池沼、湖泊。

用　途： 花可供观赏，根茎可食用。

翠湖湿地： 常见，见于浅水中。

315 红睡莲
Nymphaea alba var. *rubra*

睡莲科 | 睡莲属
Nymphaeaceae | *Nymphaea*

形态特征： 多年生水生草本。根状茎匍匐。叶聚生于黑色根茎上，沉水叶薄膜质，幼叶紫红色，老时上面深绿色，背面带紫红色，近圆形或肾圆形，直径 10~15cm，基部具深弯缺，裂片尖锐，先端圆钝，全缘或波状，叶缘有浅三角形齿牙。花单生花梗上，直径约 10cm，稍伸出水面，粉红色或玫瑰红色；萼片 4，绿色；花瓣多数，卵形；雄蕊多数，花药黄色；柱头盘状，黄色。浆果，种子椭圆形。花期 5~9 月，果期 7~10 月。

生　境： 池沼、湖泊。

用　途： 花供观赏，根茎可食用。

翠湖湿地： 常见，见于浅水中。

316 菖蒲 ┃ 剑叶菖蒲

Acorus calamus

菖蒲科 ┃ 菖蒲属

Acoraceae ┃ *Acorus*

形态特征： 多年生草本。根状茎横走，稍扁，外皮黄褐色，芳香。叶基生，基部两侧膜质叶鞘宽 4~5mm，向上渐窄，至叶长 1/3 处渐行消失、脱落；叶片剑状线形，长 0.9~1m，基部宽、对褶，中部以上渐窄，草质，绿色，光亮；中肋在两面明显隆起，侧脉 3~5 对，伸至叶尖。花序柄三棱形；叶状佛焰苞剑状线形，长 30~40cm；肉穗花序斜上或近直立，狭锥状圆柱形，长 4.5~8cm，花两性，黄绿色，被片 6。浆果长圆形，成熟时红色。花期 5~6 月，果期 6~7 月。

生　境： 水边、河滩、沼泽湿地。

用　途： 可作香料或驱蚊虫，茎、叶可入药。

翠湖湿地： 常见，见于水边。

紫萍 | 紫背浮萍

Spirodela polyrhiza

天南星科 | 紫萍属

Araceae | Spirodela

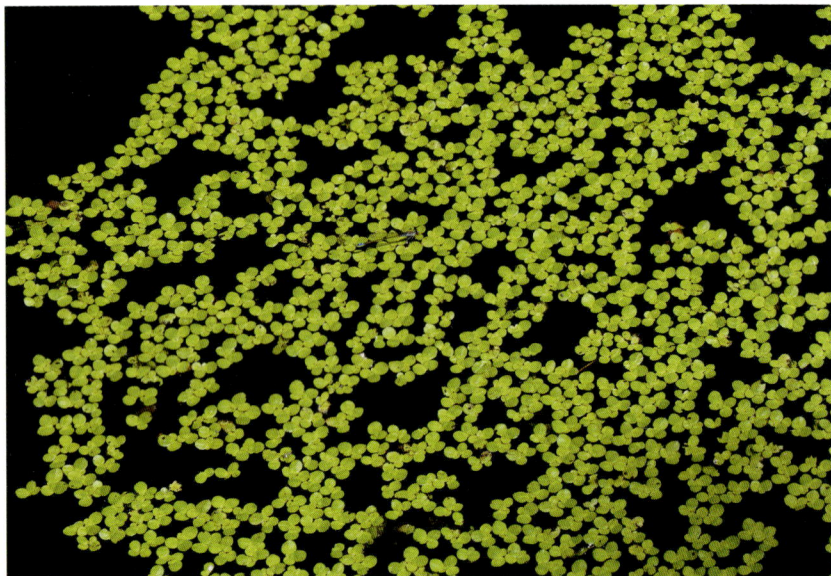

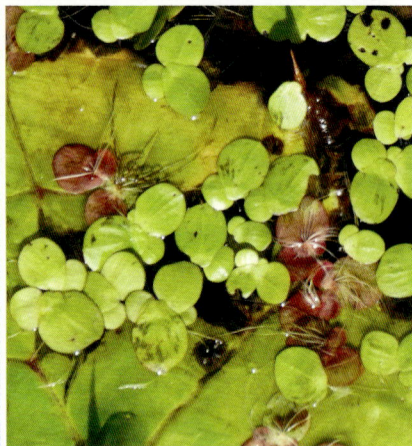

天南星科 Araceae

紫萍 *Spirodela polyrhiza*

形态特征： 浮水小草本。叶状体扁平，宽倒卵形，长 5~8mm，宽 4~6mm，先端钝圆，上面绿色，下面紫色；具掌状脉 5~11 条；下面中央生根 5~11 条，根长 3~5cm，白绿色，根冠尖，脱落；根基附近一侧囊内形成圆形新芽，萌发后的幼小叶状体从囊内浮出，由一细弱的柄与母体相连。一般不开花，靠叶状体进行营养繁殖。

生　境： 水田、水沟，常与浮萍形成覆盖水面的漂浮植物群落。

用　途： 全草可入药，可作饲料。

翠湖湿地： 常见，见于浅水中。

| 318 | **野慈姑** ┃ 狭叶慈姑
Sagittaria trifolia | 泽泻科 ┃ 慈姑属
Alismataceae ┃ *Sagittaria* |

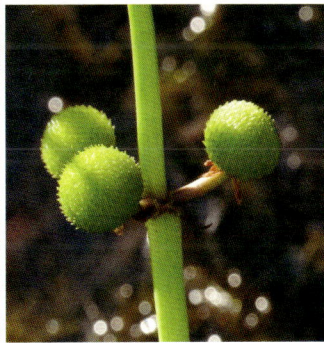

形态特征： 挺水草本。根状茎横走，较粗壮，末端常膨大。叶片箭形，顶裂片长 5~15cm，侧裂片略长。花葶直立，高 15~70cm，通常粗壮；花 3~5 朵为一轮，组成总状或圆锥状花序；外轮花被片绿色，内轮花被片白色；花单性，下部 1~3 轮为雌花，上部多轮为雄花；萼片椭圆形，反折；花瓣白色，约为萼片 2 倍；雄蕊多数，花丝丝状，花药黄色；心皮多数，离生。瘦果两侧扁，倒卵圆形，具翅，具微齿，喙顶生，直立。花期 6~9 月，果期 7~10 月。

生　境： 水沟、池塘。

用　途： 可作饲料，花卉可供观赏。

翠湖湿地： 不常见，见于浅水中。

319 苦草 | 扁担草
Vallisneria natans

水鳖科 | 苦草属

Hydrocharitaceae | *Vallisneria*

形态特征: 沉水草本。匍匐茎白色，有越冬块茎。叶基生，线形或带形，长可达 2m，绿色或略带紫红色，全缘或有不明显细锯齿；叶脉 5~9 条；无叶柄。花单性，异株；雄株佛焰苞卵状圆锥形，具雄花 200 余朵或更多，成熟时浮水面开放；雌株佛焰苞筒状，顶端 2裂，绿或暗紫色；花梗细，长 30~50cm，受精后螺旋状卷曲，将子房拖入水中；花瓣 3，极小，白色；退化雄蕊 3。果圆柱形；种子倒长卵圆形，有腺毛状突起。花期 8~9 月，果期 9~10 月。

生　境: 溪沟、河流、池塘、湖泊。

用　途: 全株可入药，可供观赏。

翠湖湿地: 较常见，见于浅水中。

320	**眼子菜** ┃ 泉生眼子菜 *Potamogeton distinctus*	眼子菜科 ┃ 眼子菜属 Potamogetonaceae ┃ *Potamogeton*

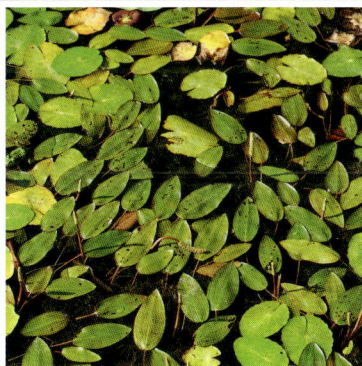

眼子菜科 Potamogetonaceae

眼子菜 *Potamogeton distinctus*

形态特征： 多年生水生草本。具匍匐根状茎；根茎白色，多分枝；茎圆柱形，通常不分枝。浮水叶革质，披针形，长 2~10cm，叶脉多条，顶端连接；叶柄长 5~20cm；沉水叶披针形，草质，常早落，具柄。穗状花序生于浮水叶叶腋，花序梗粗壮，穗长 4~5cm；花多轮，开花时伸出水面，花后沉没水中；花小，花被片 4，黄绿色。

果宽倒卵圆形，长约 3.5mm，背部 3 脊，中脊锐，上部隆起，侧脊稍钝。花期 6~7 月，果期 7~8 月。

生　境： 水沟、池塘。

用　途： 全草可入药。

翠湖湿地： 常见，见于浅水中。

321	黄菖蒲 ┃ 黄花鸢尾	鸢尾科 ┃ 鸢尾属
	Iris pseudacorus	Iridaceae ┃ *Iris*

形态特征：多年生草本。根状茎粗壮，径达2.5cm。基生叶灰绿色，宽剑形，中脉明显，长 40~60cm，宽 1.5~3cm。花茎粗壮，高60~70cm，上部分枝；苞片 3~4，膜质，绿色，披针形；花黄色，直径 10~11cm；外花被裂片卵圆形或倒卵形，长约 7cm，无附属物，中部有黑褐色的条纹，内花被裂片较小，倒披针形，长约 2.7cm；雄蕊长约 3cm，花药黑紫色；花柱分枝淡黄色，顶端裂片半圆形，子房绿色，三棱状柱形。花期 5 月，果期 6~8 月。

生　境：湿地、沼泽。

用　途：可入药。

翠湖湿地：常见，见于水边、湿地。

322 雨久花
Pontederia korsakowii

雨久花科 | 梭鱼草属

Pontederiaceae | *Pontederia*

形态特征： 多年生水生草本。根状茎粗壮，具柔软须根。基生叶宽卵状心形，长 3~8cm，宽 2.5~7cm，先端急尖或渐尖，基部心形，全缘，具多数弧状脉；叶柄长达 30cm，基部鞘状，有时膨大呈囊状；茎生叶叶柄渐短，基部增大成鞘，抱茎。总状花序顶生，有时再聚呈圆锥花序，有 10 余花；花直径约 2cm；花梗长 0.5~1cm；花被裂片 6，椭圆形，蓝色；雄蕊 6，其中 1 枚较大。蒴果长卵圆形。种子长圆形，有纵棱。花期 7~8 月，果期 8~10 月。

生　境： 水边、池塘。

用　途： 全草可作饲料，观赏。

翠湖湿地： 不常见，见于浅水中。

323 水竹芋 | 再力花
Thalia dealbata

竹芋科 | 水竹芋属

Marantaceae | *Thalia*

竹芋科 Marantaceae

水竹芋 *Thalia dealbata*

形态特征： 多年生挺水草本。叶基生，4~6 片；叶柄较长，约 40~80cm，下部鞘状，基部略膨大；叶卵状披针形，浅灰蓝色，边缘紫色，长 50cm，宽 25cm。复总状花序，花小，紫堇色；小苞片凹形，革质，表面具蜡质层，腹面具白色柔毛；萼片紫色；侧生退化雄蕊呈花瓣状，基部白色至淡紫色，先端及边缘暗紫色；花冠筒短柱状，淡紫色，唇瓣兜形，上部暗紫色，下部淡紫色。蒴果近圆球形，果皮浅绿色，成熟时顶端开裂。花期 4~10 月。

生　境： 河流、水田、池塘、湖泊、沼泽等湿地处。

用　途： 可净化水质，可供观赏。

翠湖湿地： 不常见，见于浅水中。

324	**水烛** ∣ 香蒲、蒲草	香蒲科 ∣ 香蒲属
	Typha angustifolia	Typhaceae ∣ *Typha*

形态特征： 多年生挺水草本。茎粗壮，具地下根茎。叶片条形，长 0.5~1.2m，宽 4~9mm，光滑无毛，上部扁平，中部以下腹面微凹，背面向下逐渐隆起呈凸形；叶鞘抱茎。穗状花序圆柱状，粗壮，雌花序和雄花序分离，相距 2.5~6.9cm；雄花序在上，花序轴具褐色扁柔毛，叶状苞片 1~3 枚，雄花具雄蕊 3 枚；雌花序在下，叶状苞片 1 枚，通常比叶片宽，花后脱落，雌花柱头窄条形，子房纺锤形。果序成熟时变棕色，长圆柱形。花期 6 月，果期 8~9 月。

生　境： 水边、河滩、池塘。

用　途： 花粉可入药，叶片可编织、造纸，幼叶基部和根状茎先端可食用，雌花序可作填充物。

翠湖湿地： 常见，见于水边、浅滩、浅水中。

325	达香蒲	香蒲科 | 香蒲属
	Typha davidiana	Typhaceae | *Typha*

形态特征： 多年生挺水草本。根状茎粗壮。叶长60~70cm，宽3~5mm，下部突形；叶鞘长，抱茎。雌雄花序远离；雄花序长12~18cm，花序轴无毛，基部1叶状苞片，脱落；雌性花序长5~11cm，长圆柱形，叶状苞片比叶宽，脱落；雌花片三角形；孕性雌花子房披针形，具深褐色斑点；不孕雌花子房倒圆锥形，具褐色斑点，果期通常与小苞片和柱头近等长，长于不孕雌花。果披针形，具棕褐色条纹。花期6月，果期8~9月。

生　境： 水边、河滩、池塘。

用　途： 叶片可编织、造纸等用。

翠湖湿地： 常见，见于水边、浅滩。

326	无苞香蒲	香蒲科 | 香蒲属
	Typha laxmannii	Typhaceae | *Typha*

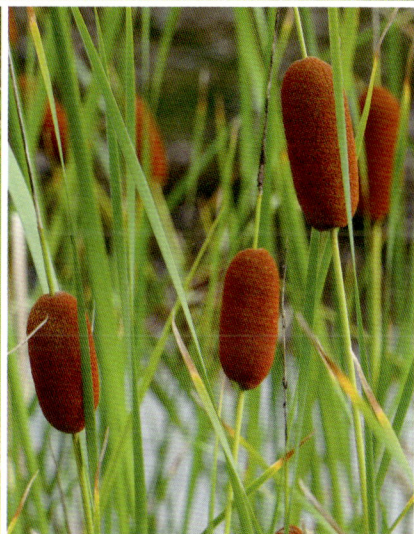

形态特征： 多年生水生草本。叶窄线形，长 50~90cm，宽 2~4mm；叶鞘抱茎较紧。雌雄花序远离；雄穗状花序长 6~14cm，花序轴被白、灰白或黄褐色柔毛，基部和中部具 1~2 纸质叶状苞片，脱落；雌花序长 4~6cm，基部具 1 叶状苞片，通常宽于叶片，脱落；雄花由 2~3 雄蕊合生；雌花无小苞片；孕性雌花子房披针形，柱头匙形，褐色边缘不整齐；不孕雌花子房倒圆锥形，白色丝状毛与花柱近等长。果椭圆形。花果期 6~9 月。

生　　境： 水边、河滩、池塘。

用　　途： 花粉可入药，叶片可编织、造纸，雌花序可作填充物。

翠湖湿地： 常见，见于水边、浅滩。

327 **扁秆荆三棱** | 扁秆藨草

Bolboschoenus planiculmis

莎草科 | 三棱草属

Cyperaceae | *Bolboschoenus*

形态特征: 多年生草本。具匍匐根状茎和块茎。秆三棱形。叶扁平，宽 2~5mm，先端渐窄，叶鞘长；叶状苞片 1~3 个，长于花序，边缘粗糙。长侧枝聚伞花序顶生，短缩呈头状，具 1~6 个小穗；小穗卵形，锈褐色，花多数，鳞片膜质，长圆形或椭圆形，褐色或深褐色，疏被柔毛，背面具中肋，顶端具缺刻状撕裂，有短芒；雄蕊 3，花柱长，柱头 2。小坚果倒卵形，扁，两面稍凹，有下位刚毛 4~6 条，生倒刺。花期 5~7 月，果期 7~9 月。

生　境: 河滩、河边。

用　途: 叶片可编织、造纸等用。

翠湖湿地: 较常见，见于水边、湿地。

328	具刚毛荸荠 | 针蔺	莎草科 | 荸荠属
	Eleocharis valleculosa var. *setosa*	Cyperaceae | *Eleocharis*

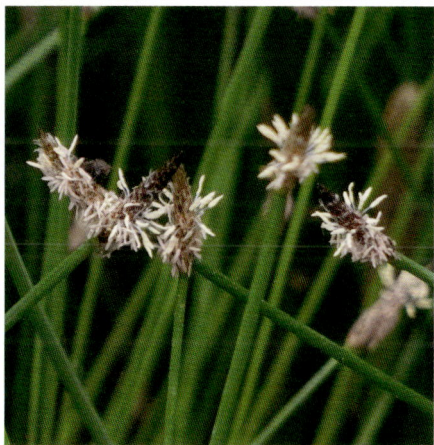

形态特征： 多年生草本。有匍匐根状茎。秆圆柱状，具少数锐纵棱。无叶片，秆基部有1~2个膜质长叶鞘。小穗顶生，长圆状卵形或线状披针形，成熟时为麦秆黄色，有多数密生两性花；小穗基部2鳞片中空无花，其余鳞片均有花，鳞片卵形，顶端钝，背部淡绿色或苍白色，有1条脉，两侧淡血红色，边缘很宽，白色，干膜质；淡锈色，略弯，密生倒刺；柱头2。小坚果圆双突状，下位刚毛4条。花期6~10月，果期8~11月。

生　境： 河滩、河边浅水处。

用　途： 可作动物饲料。

翠湖湿地： 不常见，见于水边、湿地。

329	水葱 ┃ 南水葱 *Schoenoplectus tabernaemontani*	莎草科 ┃ 水葱属 Cyperaceae ┃ *Schoenoplectus*

形态特征： 多年生草本。秆高大圆柱状。基部叶鞘3~4，最上面叶鞘具叶片；叶片线形；苞片1个，为秆的延长，直立，钻状。长侧枝聚伞花序简单或复出，辐射枝多；小穗生于辐射枝顶端，卵形，多花。鳞片椭圆形或宽卵形，先端稍凹，具短尖，膜质，棕或紫褐色，背面有锈色突起小点，1脉，边缘具缘毛；雄蕊3，柱头2或3，长于花柱。小坚果倒卵形，双突状，下位刚毛6，红棕色，有倒刺。花期6~8月，果期8~10月。

生　境： 湖边或池塘浅水处。

用　途： 可供观赏，地上部分可入药。

翠湖湿地： 常见，见于浅水中。

330	菰 | 茭白	禾本科 | 菰属
	Zizania latifolia	Poaceae | *Zizania*

形态特征： 多年生草本。秆直立，基部节生具不定根。叶鞘肥厚，长于节间；叶舌膜质，略呈三角形，顶端尖；叶片长 50~90cm，宽1.5~3cm。圆锥花序，长 30~50cm，分枝多数簇生，基部分枝开展；雄小穗两侧扁，着生于花序下部或分枝上部，带紫色，外稃具 5 脉，先端渐尖具小尖头，内稃具 3 脉，中脉成脊，具毛；雌小穗圆筒形，着生于花序上部和分枝下方与主轴贴生处，外稃 5 脉粗糙，内稃具 3 脉。颖果圆柱形。花果期 7~9 月。

生　　境： 池塘、沟谷水边。

用　　途： 茭瓜可食用，秆、叶可作牲畜和养鱼的饲料，根和谷粒可入药。

翠湖湿地： 极少见，见于浅水中。

331 莲 | 荷花

Nelumbo nucifera

莲科 | 莲属

Nelumbonaceae | *Nelumbo*

形态特征： 多年生水生草本。根茎肥厚，横生，节部生鳞叶及不定根；节间膨大，内有多数纵行通气孔道。叶基生；叶片盾状圆形，直径25~90cm，波状全缘，挺出水面；叶面光滑具白粉；叶脉放射状；叶柄长，圆柱形中空，具黑色坚硬小刺。花单生于花莛顶端，径10~20cm，芳香；花梗有小刺；萼片4~5；花瓣多数，红、粉红或白色，椭圆形；雄蕊多数，花药条形黄色；花托于果期膨大，海绵质。坚果椭圆形，黑褐色。花期6~9月，果期7~10月。

生　境： 池塘、水田。

用　途： 叶、叶柄、花托、花、雄蕊、果实、种子及根状茎可入药，种子可食用，叶可作代茶。

翠湖湿地： 常见，见于水中。

332	穗状狐尾藻 ┃ 金鱼藻 *Myriophyllum spicatum*	小二仙草科 ┃ 狐尾藻属 Haloragaceae ┃ *Myriophyllum*

小二仙草科 Haloragaceae

穗状狐尾藻 *Myriophyllum spicatum*

形态特征： 多年生沉水草本。茎圆柱形，长1~2.5m，多分枝。叶全部沉于水中，通常4~6片轮生，羽状深裂，长2.5~3.5cm；叶柄极短。穗状花序顶生或腋生，开花时挺出水面；雌雄同株，常4朵轮生于花序轴；如为单性花，则上部雄花，下部雌花；中部有时为两性花，基部有1对苞片；花萼小，4深裂；花瓣4，近匙形；雄蕊8；雌花无花瓣。果球形，长2~3mm，具四纵深沟，沟缘光滑或有时具小瘤。花期5~8月，果期6~9月。

生　　境： 池塘、河沟、沼泽。

用　　途： 全草可入药，可作饲料。

翠湖湿地： 常见，见于浅水中。

333 盒子草
Actinostemma tenerum

葫芦科 | 盒子草属

Cucurbitaceae | *Actinostemma*

形态特征： 一年生草质藤本。茎细长攀缘状，被短柔毛，卷须分2叉，与叶对生。叶长三角形互生，长3~12cm，不裂或下部有3~5裂片长，边缘有疏锯齿，基部通常心形，两面几无毛。雌雄同株，雄花序总状腋生，雌花单生或着生于雄花序基部，萼裂片线状披针形；花冠裂片狭卵状披针形，长3~5mm，白色；花萼裂片和花冠裂片先端长尾状。果实锥形，疏生暗绿色鳞片状突起，成熟时自中部盖裂。花期8~9月，果期9~10月。

生　境： 河边、溪流、水塘。

用　途： 全草可入药。

翠湖湿地：常见，见于水边、湿地。

334	欧菱 ∣ 菱角	千屈菜科 ∣ 菱属
	Trapa natans	Lythraceae ∣ *Trapa*

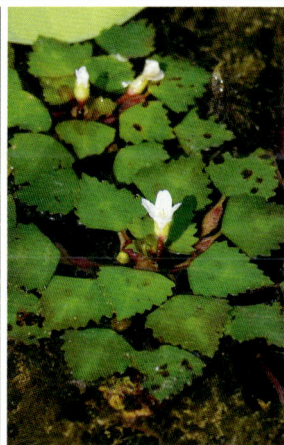

千屈菜科 Lythraceae

欧菱 *Trapa natans*

形态特征： 一年生浮水水生草本。叶二型；浮水叶互生，聚生于茎顶端，形成莲座状菱盘，叶片三角状菱形，长 2~3cm，宽 2.5~4cm，叶边缘中上部具齿状缺刻，中下部全缘，叶面深亮绿色，叶背绿色带紫，叶柄中上部膨大呈海绵质气囊或不膨大；沉水叶小，早落。花小，单生于叶腋；花瓣 4，白色。果三角状菱形，高和宽约 2cm；具 4 扁锥状刺角，2 肩角斜上伸，2 腰角向下伸，刺角长 1~1.5cm。花期 7~9 月，果期 8~10 月。

生　境： 湖泊、池塘。

用　途： 茎、叶、果实可入药，可供观赏。

翠湖湿地： 较常见，见于浅水中。

347

335

狸藻 | 闸草

Utricularia vulgaris

狸藻科 | 狸藻属

Lentibulariaceae | *Utricularia*

形态特征: 沉水草本。匍匐枝圆柱形,分枝多,叶器多数,互生,2裂达基部。捕虫囊通常多数,侧生于叶器裂片上。花序直立,中上部具3~10朵疏离的花,无毛;苞片与鳞片同形,基部耳状;花梗丝状;花萼2裂达基部,裂片近相等;花冠黄色,下唇边缘反曲,喉突隆起呈浅囊状;花丝线形;子房球形,花柱稍短于子房,无毛。蒴果球形,周裂。种子扁压,具6角和细小的网状突起,褐色,无毛。花期6~8月,果期7~9月。

生　境: 湖泊、池塘、沼泽及水田。

用　途: 全草可入药,可美化水体。

翠湖湿地: 常见,见于浅水中。

| 336 | 荇菜 ▏莕菜
Nymphoides peltata | 睡菜科 ▏荇菜属
Menyanthaceae ▏ *Nymphoides* |

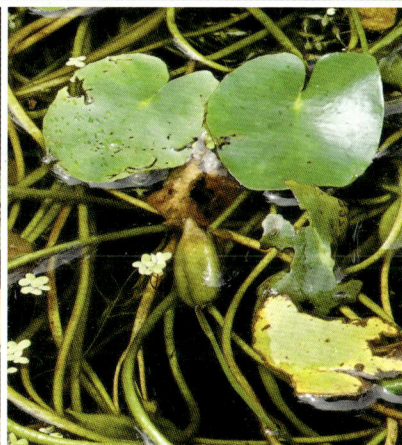

形态特征： 多年生水生草本。茎圆柱形，多分枝，沉于水中，节下生不定根。上部叶对生，下部叶互生，叶片漂浮，近草质，长1.5~7cm，圆形或卵圆形，基部心形，全缘，有不明显的掌状叶脉，下面紫褐色，密生腺体，粗糙，上面光滑。花腋生，簇生节上；花梗圆柱形，稍长于叶柄；花萼5分裂，裂片椭圆形或椭圆状披针形；花冠5深裂，金黄色，喉部具5束长柔毛，裂片宽倒卵形，具不整齐细条裂齿。蒴果无柄，椭圆形。花果期5~9月。

生　境： 池塘、水塘。

用　途： 全草可入药。

翠湖湿地： 常见，见于浅水中。

337 水芹 | 水芹菜

Oenanthe javanica

伞形科 | 水芹属

Apiaceae | *Oenanthe*

形态特征： 多年生草本。茎直立或基部匍匐。叶互生，叶片轮廓三角形，一至二回羽状分裂，末回裂片卵形至菱状披针形，长2~5cm，宽1~2cm，边缘有牙齿或圆齿状锯齿。复伞形花序顶生，无总苞；伞辐6~16，不等长，长1~3cm，直立和展开；小总苞片2~8，线形；小伞形花序有花20余朵；萼齿线状披针形；花瓣5，白色，倒卵形，有一长而内折的小舌片。双悬果椭球形，侧棱较背棱和中棱隆起，木栓质。花期7~8月，果期9~10月。

生　境： 水边、河滩。

用　途： 可入药、可食用。

翠湖湿地： 常见，见于水边。

338 泽芹 | 山藁本

Sium suave

伞形科 | 泽芹属

Apiaceae | *Sium*

伞形科 Apiaceae

泽芹 *Sium suave*

形态特征： 多年生草本。全株无毛，茎有条纹。叶片轮廓呈长圆形至卵形，一回羽状分裂，裂片 3~9 对，羽片无柄，远离，披针形至线形，长 1~4cm，边缘有细锯齿或粗锯齿；上部茎生叶较小，有 3~5 对羽片，形状与基部叶相似。复伞形花序顶生和侧生，花序梗粗状，总苞片 6~10，披针形或线形，反折；小总苞片线状披针形，全缘，小伞形花序有花 10 余朵，伞辐 8~20；花瓣 5，白色。双悬果卵形，分生果的果棱肥厚，近翅状。花果期 7~9 月。

生　境： 水边、河滩。

用　途： 根及根茎可入药。

翠湖湿地： 常见，见于水边。

参考文献（按拼音字母顺序排列）

贺士元，邢其华，尹祖堂 . 北京植物志 [M] . 北京：北京出版社，1992 修订版 .

iPlant 植物智——植物物种信息系统 . http://www.iplant.cn.

刘冰，林秦文，李敏 . 中国常见植物野外识别手册——北京册 [M] . 北京：商务印书馆，2018.

中国科学院植物研究所 . 中国高等植物图鉴 [M] . 北京：科学出版社，1994.

中国科学院中国植物志编辑委员会 . 中国植物志 [M] . 北京：科学出版社，2004.

索引

新旧科名变动对照表

序号	类型	中文名	学名	新科名	拉丁科名	传统科名	传统拉丁科名
3	乔木	水杉	*Metasequoia glyptostroboides*	柏科	Cupressaceae	杉科	Taxodiaceae
29	乔木	元宝槭	*Acer truncatum*	无患子科	Sapindaceae	槭科	Aceraceae
30	乔木	七叶树	*Aesculus chinensis*	无患子科	Sapindaceae	七叶树科	Hippocastanaceae
57	灌木	雀儿舌头	*Leptopus chinensis*	叶下珠科	Phyllanthaceae	大戟科	Euphorbiaceae
61	灌木	红枫	*Acer palmatum* 'Atropurpureum'	无患子科	Sapindaceae	槭科	Aceraceae
64	灌木	圆锥绣球	*Hydrangea paniculata*	绣球科	Hydrangeaceae	虎耳草科	Saxifragaceae
73	灌木	大叶醉鱼草	*Buddleja davidii*	玄参科	Scrophulariaceae	马钱科	Loganiaceae
75	灌木	荆条	*Vitex negundo* var. *heterophylla*	唇形科	Lamiaceae	马鞭草科	Verbenaceae
76	灌木	金叶接骨木	*Sambucus canadensis* 'Aurea'	英蒾科	Viburnaceae	忍冬科	Caprifoliaceae
77	灌木	欧洲英蒾	*Viburnum opulus*	英蒾科	Viburnaceae	忍冬科	Caprifoliaceae
91	草本	黄花菜	*Hemerocallis citrina*	阿福花科	Asphodelaceae	百合科	Liliaceae
92	草本	萱草	*Hemerocallis fulva*	阿福花科	Asphodelaceae	百合科	Liliaceae
93	草本	大花萱草	*Hemerocallis hybrida*	阿福花科	Asphodelaceae	百合科	Liliaceae
94	草本	薤白	*Allium macrostemon*	石蒜科	Amaryllidaceae	百合科	Liliaceae
95	草本	野韭	*Allium ramosum*	石蒜科	Amaryllidaceae	百合科	Liliaceae
96	草本	绵枣儿	*Barnardia japonica*	天门冬科	Asparagaceae	百合科	Liliaceae
97	草本	玉簪	*Hosta plantaginea*	天门冬科	Asparagaceae	百合科	Liliaceae
98	草本	山麦冬	*Liriope spicata*	天门冬科	Asparagaceae	百合科	Liliaceae
141	草本	扯根菜	*Penthorum chinense*	扯根菜科	Penthoraceae	虎耳草科	Saxifragaceae
170	草本	黄珠子草	*Phyllanthus virgatus*	叶下珠科	Phyllanthaceae	大戟科	Euphorbiaceae
181	草本	醉蝶花	*Tarenaya hassleriana*	白花菜科	Cleomaceae	山柑科	Capparaceae
206	草本	藜	*Chenopodium album*	苋科	Amaranthaceae	藜科	Chenopodiaceae
207	草本	小藜	*Chenopodium ficifolium*	苋科	Amaranthaceae	藜科	Chenopodiaceae
208	草本	灰绿藜	*Oxybasis glauca*	苋科	Amaranthaceae	藜科	Chenopodiaceae
223	草本	阿拉伯婆婆纳	*Veronica persica*	车前科	Plantaginaceae	玄参科	Scrophulariaceae
224	草本	穗花	*Pseudolysimachion spicatum*	车前科	Plantaginaceae	玄参科	Scrophulariaceae
239	草本	通泉草	*Mazus pumilus*	通泉草科	Mazaceae	玄参科	Scrophulariaceae
240	草本	地黄	*Rehmannia glutinosa*	列当科	Orobanchaceae	玄参科	Scrophulariaceae
291	藤本	葎草	*Humulus scandens*	大麻科	Cannabaceae	桑科	Moraceae
298	藤本	鹅绒藤	*Cynanchum chinense*	夹竹桃科	Apocynaceae	萝藦科	Asclepiadaceae
299	藤本	萝藦	*Cynanchum rostellatum*	夹竹桃科	Apocynaceae	萝藦科	Asclepiadaceae
300	藤本	杠柳	*Periploca sepium*	夹竹桃科	Apocynaceae	萝藦科	Asclepiadaceae
316	水生植物	菖蒲	*Acorus calamus*	菖蒲科	Acoraceae	天南星科	Araceae
317	水生植物	紫萍	*Spirodela polyrhiza*	天南星科	Araceae	浮萍科	Lemnaceae
331	水生植物	莲	*Nelumbo nucifera*	莲科	Nelumbonaceae	睡莲科	Nymphaeaceae
334	水生植物	欧菱	*Trapa natans*	千屈菜科	Lythraceae	菱科	Trapaceae
336	水生植物	荇菜	*Nymphoides peltata*	睡菜科	Menyanthaceae	龙胆科	Gentianaceae

主 编

夏 舫

副主编

闫亮亮　王博宇　刘颖杰

编 委

周宇琦　李 会　李妙莲　刘筱竹　张 妍
王 菲　徐晓梅　杨轶杰　周建娇　蔡梦怡
赵 米　王 媛　彭 涛　徐菱婉

摄 影

夏 舫

图书在版编目（CIP）数据

一花一叶. 翠湖国家城市湿地公园. 植物图谱 / 夏舫编著. -- 北京：中国林业出版社，2025.5.
ISBN 978-7-5219-3069-6

Ⅰ . Q948.52-64

中国国家版本馆 CIP 数据核字第 2024S9W983 号

一花一叶
——翠湖国家城市湿地公园·植物图谱

策划出品：小途工作室
责任编辑：曹曦文 黄晓飞 吴 卉
书籍设计：DONOVA
电　　话：(010) 8314 3552
出版发行：中国林业出版社（100009，北京市西城区刘海胡同 7 号）
E - mail：books@theways.cn
网　　址：https://www.cfph.net
印　　刷：北京雅昌艺术印刷有限公司
版　　次：2025 年 5 月 第 1 版
印　　次：2025 年 5 月 第 1 次印刷
开　　本：889mm×1194mm 1/32
印　　张：12
字　　数：220 千字
定　　价：128.00 元

"小途"是中国林业出版社旗下文化创意产业品牌，延续中国林业出版社的专业学术特色和知识普及能力，整合林草领域专业资源，围绕"自然文化 + 生活美学 + 未来科技"，从事内容创作、内容挖掘、内容衍生品运作。形成出版、展览、文创、融媒体等优质产品，系统解读科学知识，讲好中国林草故事，传播中国生态文化。联手公众建立礼敬自然、亲近自然的生活方式，展现人与自然和谐共生的无限可能。

小途公众号　　　　看见万物